普通高等教育"十四五"规划新形态教材

教育部首批新工科研究与实践项目

"面向新经济的地方高校工科专业改造升级路径探索与实践"成果

机械工程材料
综合练习与模拟试题

第二版

JIXIE GONGCHENG CAILIAO
ZONGHE LIANXI YU MONI SHITI

◎ 主　编：樊湘芳　叶　江

◎ 副主编：滕　浩　吴　炜

U0747911

中南大学出版社
www.csupress.com.cn
·长沙·

内容简介

本书是中南大学出版社出版的普通高等教育"十四五"规划新形态教材《机械工程材料》的配套教材，按教材章节顺序编写，内容均紧扣教材，具有一定的覆盖面，难易程度适中，且具有通用性、代表性、合理性和实用性。

本书内容包括《机械工程材料》教材各章的主要内容、重点难点、习题和答案、实验指导和配套的实验报告、模拟试卷等。

本书可作为普通高等学校机械类、近机械类等专业学生学习"机械工程材料""金属学及热处理"等课程的辅助教材，亦可作为相关学科及机械设计、材料加工等行业的工程技术人员的学习参考资料和考研学生的复习资料。

总序 FOREWORD.

机械工程学科作为连接自然科学与工程行为的桥梁，是支撑物质社会的重要基础，在国家经济发展与科学技术发展布局中占有重要的地位。21 世纪的机械工程学科面临诸多重大挑战，它的突破将催生社会重大经济变革。当前机械工程学科进入了一个全新的发展阶段，总的发展趋势是以提升人类生活品质为目标，发展新概念产品、高效多功能制造技术、功能极端化装备设计制造理论与技术、制造过程智能化和精准化理论与技术、人造系统与自然世界和谐发展的可持续制造技术等。这对担负机械工程人才培养任务的高等学校提出了新挑战：高校必须突破传统思维束缚，培养能适应国家高速发展需求的具有机械学科新知识结构和创新能力的高素质人才。

为了顺应机械工程学科高等教育发展的新形势，湖南省机械工程学会、湖南省机械原理教学研究会、湖南省机械设计教学研究会、湖南省工程图学教学研究会、湖南省金工教学研究会与中南大学出版社一起积极组织了高等学校机械类专业系列教材的建设规划工作，成立了规划教材编委会。编委会由各高等学校机电学院院长及具有较高理论水平和教学经验的教授、学者和专家组成。编委会组织国内近20所高等学校的长期在教学、教改第一线工作的骨干教师召开了多次教材建设研讨会和提纲讨论会，充分交流教学成果、教改经验、教材建设经验，把教学研究成果与教材建设结合起来，对教材编写的指导思想、特色、内容等进行了充分的论证，并统一了认识，明确了思路。在此基础上，经编委会推荐和遴选，近百名具有丰富教学实践经验的教师参加了本套教材的编写工作。历经两年多的努力，这套教材终于与读者见面了，它凝结了全体编写者与组织者的心血，是他们集体智慧的结晶，也是他们教学教改成果的总结，体现了编写者对教育部"质量工程"精神的深刻领悟和对本学科教育规律的把握。

本套教材包括了高等学校机械类专业的基础课和部分专业基础课教材。整体看来，本套教材具有以下特色。

（1）根据教育部高等学校教学指导委员会相关课程的教学基本要求编写。遵循"厚基础、宽口径、强能力、重应用"的原则，注重科学性、系统性、实践性。

（2）注重创新。本套教材不但反映了机械学科新知识、新技术、新方法的发展趋势和研究成果，还反映了其他相关学科在与机械学科的融合与渗透中产生的新前沿，体现了学科交叉对本学科的促进；教材与工程实践联系密切，应用实例丰富，体现了机械学科应用领域在不断扩大。

（3）注重质量。本套教材编写者对教材内容进行了严格的审定与把关，教材力求概念准确、叙述精练、案例典型、深入浅出、用词规范，采用最新国家标准及技术规范，确保了教材的高质量与权威性。

（4）教材体系立体化。为了方便教师教学与学生学习，本套教材还提供了电子课件、教学指导、教学大纲、考试大纲、题库、案例素材等教学资源支持服务平台。大部分教材采用"互联网+"的形式出版，读者扫描书中二维码，即可阅读丰富的工程图片、演示动画、操作视频、三维模型、工程案例；部分教材采用了增强现实 AR 技术，扫描二维码可查看360°任意旋转、无限放大缩小的三维模型。

教材要出精品，而精品不是一蹴而就的，我将本套教材推荐给大家，请广大读者对它提出意见与建议，以便进一步提高。也希望教材编委会及出版社能做到与时俱进，根据高等教育改革发展形势、机械工程学科发展趋势和使用中的新体验，不断对教材进行修改、创新、完善，精益求精，使之更好地适应高等教育人才培养的需要。

衷心祝愿本套教材能在我国机械工程学科高等教育中充分发挥它的作用，也期待着本套教材能哺育新一代学子，使其茁壮成长。

中国工程院院士　钟　掘

第二版前言 PREFACE.

本书是中南大学出版社出版的普通高等教育"十四五"规划新形态教材《机械工程材料》(主编董丽君、司家勇)的配套教材，按照"机械工程材料"课程教学大纲组织编写，主要作为普通高等学校本科机械类、近机械类专业"机械工程材料"课程的教学辅导，亦可作为材料类相关课程学习的参考书。

本书内容涵盖常用机械工程材料的成分、结构、组织、工艺、性能及选材。在编写过程中，本书立足于机械工程材料基础知识的训练，注重新工科背景下工科院校学生工程实践应用能力、综合分析与解决工程实际问题能力的培养，突出安全节能和环保理念。书中选编的习题难易度适中，有代表性；实验设计合理，有综合性；模拟练习试题，有一定的灵活性；充分考虑了本课程内容多、概念抽象、难理解、难掌握的特点；习题答案准确、简明扼要，以帮助学生记忆。本书中全部采用最新的国家标准，并使用法定计量单位。

本次修订主要是进一步规范专业术语，扩充了实验部分内容，对模拟试题内容进行了微调。

本书第一部分、第二部分和第三部分由南华大学樊湘芳教授编写和修订，第四部分由南华大学叶江副教授编写和修订，第五部分由南华大学滕浩博士编写和修订。吴炜老师参与了校对工作。全书由南华大学樊湘芳教授主审。

本书在编写和修订过程中参阅了以往其他版本的同类教材、相关的技术标准和资料等，得到了中南大学出版社给予的指导和帮助，同时也得到了国家级、省级相关教学研究项目的大力支持。

在此特向有关编者、作者和单位及项目研究团队表示衷心的感谢！

由于编者的水平有限，加之编写时间仓促，书中不足之处在所难免，恳切希望广大读者批评指正。

编　者

2024 年 1 月

前言 PREFACE.

本书是中南大学出版社出版的《机械工程材料》（主编高卫国、钟利萍）教材第三版的配套教材，按照"机械工程材料"课程教学大纲编写，主要作为普通高等学校本科机械类、近机械类专业"机械工程材料"课程的教学辅导，亦可作为材料类相关课程学习的参考书。

本书内容涵盖常用机械工程材料的成分、结构、组织、工艺、性能及选材。在编写过程中，本书立足于机械工程材料基础知识的训练，注重新工科背景下工科院校学生工程实践应用能力、综合分析与解决工程实际问题能力的培养，突出安全节能和环保理念。书中选编的习题难易度适中，有代表性；实验设计合理，有综合性；模拟练习试题，有一定的灵活性；充分考虑了本课程内容多、概念抽象、难理解、难掌握的特点；习题答案准确、简明扼要，以帮助学生记忆。本书全部采用最新的国家标准，并使用法定计量单位。

本书第一部分、第二部分和第三部分由南华大学樊湘芳教授编写，第四部分由南华大学叶江副教授编写，第五部分由南华大学滕浩博士编写。吴炜老师参与了校对工作。全书由南华大学刘升学教授、邱长军教授主审。

本书编写得到教育部首批新工科研究与实践项目"面向新经济的地方高校工科专业改造升级路径探索与实践"、湖南省质量工程项目"南华大学–南岳电控（衡阳）工业技术有限公司机械类专业校企合作人才培养基地"的大力支持。

本书在编写过程中参阅了以往其他版本的同类教材、相关的技术标准和资料等，在此特向有关编者、作者和单位及项目研究团队表示衷心的感谢！

由于编者的水平有限，加之编写时间仓促，书中不足之处在所难免，恳切希望广大读者批评指正。

编　者

2019 年 2 月

CONTENTS. 目录

第一部分 知识点摘要

第二部分 习 题

第三部分 习题答案

第四部分 实验指导书和实验报告

(一)实验指导书

(二)实验报告

第五部分 模拟试卷

第一部分

知识点摘要

第一章　材料的结构与结晶

一、教学基本要求、重点与难点

(一) 基本要求

①了解晶体结构的基本概念和常见类型；
②掌握原子数、原子半径、配位数和致密度的概念；
③掌握晶面和晶向的表示方法；
④了解晶体缺陷的类型及几何特征；
⑤了解合金的基本概念及固态合金的相结构；
⑥掌握金属结晶原理及结晶过程控制方法；
⑦掌握金属同素异构转变特性。

(二) 重点

①三种常见的金属晶体结构及特征；
②固态合金的相结构及固溶强化机理；
③结晶的热力学条件及过冷度概念；
④金属结晶后的晶粒大小及其控制；
⑤金属同素异构转变过程及特点。

(三) 难点

①晶向指数、晶面指数的表示方法；
②金属结晶过程；
③金属固态转变过程。

二、主要内容

1. 金属的晶体结构

在纯金属中，最常见、最典型的晶体结构有三种类型：体心立方晶格、面心立方晶格和密排六方晶格。其特征如下。

3

（1）晶胞中的原子数

晶体是由大量的晶胞堆砌而成的，处于晶胞顶角或晶面上的原子不会为一个晶胞所有，只有晶胞中心的原子才完全为这个晶胞所有。三种常见晶体晶胞的原子数分别为：

体心立方晶格：$n = 8 \times \dfrac{1}{8} + 1 = 2$；

面心立方晶格：$n = 8 \times \dfrac{1}{8} + 6 \times \dfrac{1}{2} = 4$；

密排六方晶格：$n = 12 \times \dfrac{1}{6} + 2 \times \dfrac{1}{2} + 3 = 6$。

（2）原子半径

在体心立方晶格的晶胞中，原子沿立方体对角线紧密接触。设晶胞的晶格常数为 a，立方体对角线的长度为 $\sqrt{3}\,a$，等于 4 个原子半径，所以，体心立方晶格的晶胞中的原子半径 $r = \dfrac{\sqrt{3}}{4}a$，同样可分别算出面心立方晶格的晶胞和密排六方晶格的晶胞中的原子半径分别为 $r = \dfrac{\sqrt{2}}{4}a$ 和 $r = \dfrac{1}{2}a$。

（3）配位数和致密度

配位数是指晶体结构中与任一原子周围最近邻且等距离的原子数。配位数表示原子排列的紧密程度。配位数越大，晶体中原子排列就越紧密。

在体心立方晶格中，与其最近邻且等距离的原子是周围顶角上的 8 个原子，所以，配位数为 8。在面心立方晶格中，以面中心的原子来看，与其最近邻且等距离的原子是周围顶角上的 4 个原子，这 5 个原子构成一个平面，这样的平面共有 3 个，所以面心立方晶格的配位数是 12 个。在密排六方晶格中，以晶格上底面中心的原子为例，它不仅与周围 6 个角上的原子紧密接触，还与其下面的 3 个位于晶胞之内的原子及其上面相邻的晶胞内的 3 个原子紧密接触，故配位数为 12。

致密度是指该晶体晶胞中所含原子的体积与晶胞体积的比值。晶体的致密度越大，晶体原子排列密度越高，原子结合越紧密。致密度 K 可用下式表示：

$$K = \frac{nU}{V}$$

式中：n 为一个晶胞中包含的原子数；U 为晶胞中一个原子的体积；V 为晶胞的体积。

经计算可得：体心立方晶格、面心立方晶格、密排六方晶格的致密度分别为 0.68、0.74、0.74。

2. 实际金属的晶体结构

由于各种因素的作用，实际金属的晶体结构不像理想晶体那样规则和完整，晶体中存在许多不完整的部位，这些部位称为晶体缺陷。根据几何特征，晶体缺陷可分为点缺陷、线缺陷和面缺陷三种类型。

（1）点缺陷

点缺陷是指在三维尺度上都是很小的、不超过几个原子直径的缺陷，如晶格空位、间隙原子和异类原子等。

（2）线缺陷

线缺陷主要是位错。位错是指在晶体中某处有一列或若干列原子发生有规律的错排现象。位错最基本的类型有两种，即刃型位错和螺型位错。

刃型位错：由于某种原因，晶体的一部分相对于另一部分错开，出现一个多余的半原子面，犹如切入晶体的刀片，刀刃线即位错线。刃型位错的特征：有一额外半原子面；位错线可理解为已滑移区与未滑移区的边界线；晶体存在刃型位错时，位错周围的点阵发生晶格畸变，既有正应变，也有切应变；位错线与晶体滑移的方向垂直。

螺型位错：晶体的上下部分发生错动，若将错动区的原子用线连接起来，则具有螺旋形特征。螺型位错的特征：无额外半原子面；只有切应变，无正应变；位错线与滑移方向平行，位错线运动的方向与位错线垂直。

（3）面缺陷

面缺陷是指二维尺度很大而第三维尺度很小的缺陷，包括晶体的表面、晶界、亚晶界、相界等。

3. 固态合金的相结构

（1）固溶体

合金组元通过溶解形成一种成分和性能均匀且结构与其组元之一相同的固相即固溶体。与固溶体结构相同的组元称为溶剂，另一组元称为溶质。固溶体主要包括置换固溶体和间隙固溶体两种形式。

在溶剂晶格的某些结点上，其原子被溶质原子所替代而形成的固溶体称为置换固溶体。若溶质与溶剂能以任何比例相互溶解，则形成无限固溶体。若溶质超过某个溶解度，有其他相形成，即两个元素之间的相互溶解度有一定的限度，则形成有限固溶体。

溶质原子进入溶剂晶格的间隙中形成的固溶体称为间隙固溶体。间隙固溶体必然是有限固溶体。

（2）金属化合物

合金组元之间相互作用所形成的、晶格类型和特性均不同于任一组元的新相称为中间相或金属化合物，可用分子式表示其组成。金属化合物具有较高的熔点、硬度和较大的脆性。根据其结构特点，常分为正常价化合物、电子化合物、间隙相和间隙化合物。当合金中出现金属化合物时，其强度、硬度和耐磨性提高，但塑性下降。

4. 金属的结晶

（1）结晶概述

物质从液态冷却转变为固态的过程称为凝固。若凝固后的物质为晶体，则这种凝固称为结晶。

液态物质要结晶，就必须冷却到 T_0（理论结晶温度）以下的某个温度 T_n（实际结晶温度），这种现象称为过冷现象。T_0（理论结晶温度）与 T_n（实际结晶温度）之差称为过冷度。过冷度越大，液态与固态之间的能量差越大，结晶的驱动力就越大。只有当驱动力达到一定程度时，液态金属才能开始结晶。结晶的必要条件是液态金属具有一定的过冷度。

（2）结晶过程

当液态金属过冷到一定温度时，一些尺寸较大的原子集团开始变得稳定而成为结晶的核心，称为晶核。形成的晶核（简称形核）都按各自方向吸附周围的原子而自由长大，在长大的同时又有新的晶核出现和长大。当相邻晶体彼此接触时，长大被迫停止，而只能向尚未凝固的液态部分生长，直到全部液态金属结晶完毕。

形核有两种方式：均匀形核和非均匀形核。在结晶过程中，晶核完全由纯净的过冷液态中瞬时短程有序的原子团形成，称为自发形核，又称均匀形核。依附于模壁或液相中未熔固相质点的表面形核，称为非自发形核，又称非均匀形核。

一旦晶核形成，晶核就会继续长大成为晶粒。系统总自由能随晶体体积的增加而下降是晶体长大的驱动力。晶体生长有两种常见的形态：平面状态生长和树枝状态生长。

（3）金属结晶后的晶粒控制措施

细化晶粒的方法主要有：增大过冷度、变质处理、振动和搅拌。

5. 金属的同素异构转变

多数固态纯金属的晶格类型不会改变，但是有些金属在固态下其晶格类型会随温度变化而发生变化。固态金属在不同的温度区间具有不同晶格类型的性质，称为同素异构性。在金属晶体中，最为典型、也最为重要的是铁的同素异构转变，锡、锰、钴、钛等也存在这种现象。

同素异构转变遵循形核、长大的规律。但与结晶的特点有所不同，形核一般在某些特定部位，如晶界、晶内缺陷、特定晶面等。这是因为在固态下原子扩散困难，转变需要较大的过冷度；同时，晶格类型的变化导致金属的体积发生变化，转变时会产生较大的内应力，严重时会产生变形或开裂。

第二章　材料的性能与力学行为

一、教学基本要求、重点与难点

(一)基本要求

①掌握材料的静态力学性能和动态力学性能；
②了解材料的物理性能、化学性能、工艺性能；
③了解金属塑性变形的机理；
④掌握冷变形对金属的影响；
⑤掌握金属回复、再结晶与晶粒长大的过程；
⑥了解金属的热变形加工与冷变形加工的区别。

(二)重点

①材料的强度、硬度、塑性、韧性、疲劳强度等力学性能；
②冷变形对金属组织结构和性能的影响。

(三)难点

①金属塑性变形的机理；
②金属回复、再结晶和晶粒长大的过程；
③细晶强化、固溶强化、弥散强化的含义。

二、主要内容

1. 材料的静态力学性能

静态力学性能是指材料在静载荷作用下抵抗变形或断裂的能力。材料的力学性能指标可用拉伸试验得到应力-应变曲线进行确定。

比例极限与弹性极限：比例极限是应力-应变曲线上符合线性关系的最高应力值；弹性极限是试样加载后再卸载，以不出现残留的永久变形为标准，材料能够完全弹性恢复的最高应力值。

屈服强度：材料开始产生塑性变形时的最低应力值，反映材料抵抗永久变形的能力。当拉伸试验中没有明显屈服现象时，国家标准规定，以试样拉伸时产生 0.2%残余延伸率所对应的应力为残余延伸强度，即条件屈服强度。

抗拉强度：材料的极限承载能力，即试样拉断前所能承受的最大应力值，反映材料抵抗断裂破坏的能力。

刚度：材料受力时抵抗弹性变形的能力，表示材料产生弹性变形的难易程度。

塑性：指材料在断裂前发生不可逆永久变形的能力，常用断后伸长率和断面收缩率来表征。

断后伸长率：指试样拉断后标距长度的残余伸长（断后标距与原始标距之差）与原始标距长度的百分比。

断面收缩率：指断裂后试样横截面积的最大缩减量（原始横截面积与断后最小横截面积之差）与原始横截面积之比的百分率。

硬度：指材料抵抗局部变形，特别是抵抗塑性变形、压痕或划痕的能力，是衡量材料软硬程度的指标。常用的硬度指标有布氏硬度 HB、洛氏硬度 HR 和维氏硬度 HV 等。

2. 材料的动态力学性能

多冲抗力：金属材料抵抗小能量多次冲击的能力，可用在一定冲击能量下材料断裂前的冲击次数表示。

冲击韧度：材料抵抗冲击载荷作用而不被破坏的能力。一般把冲击韧度值低的材料称为脆性材料，冲击韧度值高的材料称为韧性材料。

疲劳强度：工程结构在服役过程中，承受交变载荷而导致裂纹的产生、扩展以至断裂失效的现象称为疲劳。材料常在远低于其屈服强度的应力下发生断裂，疲劳断裂具有突发性，没有预兆，有很大的危险性。

断裂韧度：反映材料阻止裂纹失稳扩展的能力，是材料本身的力学指标，与裂纹的大小、形状、外加应力等无关，主要取决于材料的成分、内部组织和结构等。

3. 金属的塑性变形

金属在外力的作用下会发生塑性变形。塑性变形是强化金属的重要手段之一。

（1）单晶体塑性变形的基本方式

单晶体塑性变形的基本方式有滑移和孪生。

滑移：晶体的一部分沿一定的晶面和晶向相对于另一部分发生相对滑动位移的现象。

滑移特点：只有在切应力作用下才会产生；滑移变形实质上是晶体内部的位错在切应力作用下运动的结果；晶体发生的总变形量一定是滑移方向上原子间距的整数倍；滑移总是沿晶体中原子密度最大的晶面（密排面）和其上密度最大的晶向（密排方向）进行；滑移变形的同时伴随晶体的转动。

孪生：晶体在切应力作用下，其一部分将沿一定的晶面（孪晶面）产生一定角度的切变。

孪生特点：通过晶格切变使晶格位向改变，使变形部分和未变形部分呈镜面对称；产生的形变量很小，一般不一定是原子间距的整数倍；萌发于局部应力集中的地方。

（2）多晶体的塑性变形及细晶强化

金属大多数是多晶体。多晶体的变形与单晶体无本质上的区别，其中每个晶粒的塑性变形是以滑移或孪生的方式进行的，但由于各晶粒位向不同及晶粒与晶粒之间存在交界面（晶界），故多晶体的变形有以下特点：

①各晶粒的变形不同时；

②各晶粒的变形需相互协调；

③晶界阻碍位错运动。

在多晶体中，金属的晶粒越细，晶界总面积越大，其塑性变形抵抗力越大，强度越高。另外，金属越细，一定的变形量会由更多的晶粒分散承担，不致造成局部的应力集中，可提高金属的塑性。通过细化晶粒、增加晶界以提高金属强度、塑性和韧性的方法称为细晶强化。

（3）合金的塑性变形及强化方式

合金是工业上广泛应用的材料。合金按组成相不同，可分为单相固溶体和多相混合物两种。

单相固溶体塑性变形时产生固溶强化，通过形成固溶体使金属的强度和硬度升高。

多相混合物塑性变形时，如第二相以细小的形态弥散分布于基体中，会使金属显著强化，这种现象称为弥散强化。

4. 冷变形对金属组织结构的影响

①晶粒变形，显微组织呈纤维状。金属发生塑性变形后，原来的等轴晶粒沿形变方向被拉长或压扁。当金属变形量很大时，晶粒变成细条状或纤维状，导致材料出现各向异性。

②形成亚结构。金属大量变形后，由于位错运动及位错间的交互作用，位错分布变得不均匀，并使晶粒碎化成许多位向略有差异的亚晶粒。

③产生形变织构。金属塑性变形到很大程度（70%以上）时，因晶粒发生转动，各晶粒位向大致趋近于一致，形成特殊的择优取向，这种有序化结构叫作形变织构。

5. 冷变形对金属性能的影响

①冷变形强化（加工硬化）：随着塑性变形量的增加，金属的强度、硬度升高，塑性、韧性下降。位错密度及其他晶体缺陷的增加是导致冷变形强化的根本原因。

②力学性能的各向异性：由于纤维组织和形变织构的形成，金属的力学性能会产生各向异性，如沿纤维方向的强度和塑性明显高于垂直方向。

③物理、化学性能的改变：如电阻增大，耐腐蚀性降低。

④残余应力：金属在发生塑性变形时，金属内部变形不均匀，位错、空位等晶体缺陷增多，金属内部会产生残余内应力，即外力去除后，金属内部会留下残余应力。

残余应力会使金属的耐腐蚀性能降低，严重时可导致零件变形或开裂。

6. 金属回复、再结晶和晶粒长大的过程

①回复：指冷变形金属在较低温度加热时，在光学显微组织发生改变前（即再结晶晶粒形成前）所产生的某些亚结构和性能的变化过程。

产生回复的温度为：

$$T_{回} = (0.25 \sim 0.3) T_{熔}$$

在生产中，常利用回复对冷变形金属进行低温加热，既可消除内应力、稳定组织，又保

留了加工硬化的效果，这种方法称为去应力退火。

②再结晶：冷变形后金属进一步加热到足够高的温度，由于原子活动能力增大，晶粒的形状开始发生变化，在原先亚晶界上位错大量聚集处，形成了新的位错密度低的结晶核心，并不断长大为新的、稳定的、无应变的等轴晶粒，取代了原来被拉长及破碎的旧晶粒，同时性能也发生明显的变化，并恢复到完全软化的状态，这个过程称为再结晶。

再结晶是一个形核和长大的过程，是在一个温度范围内发生的。冷变形金属开始进行再结晶的最低温度称为再结晶温度。纯金属的再结晶温度与其熔点的关系为：

$$T_{再} = (0.35 \sim 0.45)T_{熔}$$

最低再结晶温度与预先变形度、金属的熔点、杂质与合金元素、加热速度和保温时间等因素有关。

③晶粒长大：再结晶新形成的晶粒具有潜伏长大的趋势。再结晶加热温度越高，保温时间越长，金属的晶粒越大，加热温度的影响尤其明显。预先变形程度与晶粒的大小有很紧密的关系。当变形程度很小时，由于金属的畸变能很小，不足以引起再结晶，因而晶粒仍保持原来的形状。当变形程度为2%~10%时，晶粒就特别粗大，这个变形程度称为临界变形度，生产中应尽量避开这一变形程度。超过临界变形度，可获得细小的晶粒，且晶粒大小在变形量达到一定程度后基本不变。在再结晶过程中，晶粒形状发生改变，但杂质仍呈条状保留下来，故再结晶过程不能消除纤维组织。

第三章　二元合金相图与铁碳合金

一、教学基本要求、重点与难点

(一)基本要求

①掌握相、相图、平衡状态、杠杆定律等概念；
②了解二元相图的建立及基本类型；
③掌握几种基本二元相图的分析方法；
④了解铁碳合金的基本组织及 Fe-Fe₃C 相图的内涵；
⑤掌握典型铁碳合金的分类及典型铁碳合金的平衡结晶过程和组织；
⑥掌握碳钢的成分特点、分类方法、牌号及对应性能和用途。

(二)重点

①掌握杠杆定律的应用；
②熟练掌握铁碳合金相图及图中各特征点温度、成分、含义；
③掌握典型铁碳合金的平衡结晶过程。

(三)难点

①杠杆定律的应用；
②铁碳合金成分、组织和性能之间的关系。

二、主要内容

1.基本概念

相：合金中具有同一化学成分、同一结构和原子聚集状态，并以明显的界面互相分开的、均匀的组成部分。

相图：表示合金系中合金的状态与温度、成分间关系的图解。

平衡状态：合金的成分、质量分数不再随时间的变化而变化的一种状态。合金的极缓慢冷却可近似认为是平衡状态。

杠杆定律：合金在某温度下两平衡相的质量比等于该温度下与各自相区距离较远的成分线段之比，如同力学中的杠杆定律。因此，在相平衡的计算中，这种规律称为杠杆定律。必须注意：杠杆定律只适用于两相平衡区中两平衡相的相对含量计算。

2. 二元合金相图

①匀晶相图：两组元在液态下可以任何比例均匀地相互溶解，在固态下能形成无限固溶体时，其相图属于二元匀晶相图。Cu-Ni、Fe-Cr、Au-Ag 等合金系都属于这类相图。由液相结晶出均一固相的过程就称为匀晶转变。

②共晶相图：两组元在液态时完全互溶，在固态下有限互溶，并发生共晶转变所构成的相图称为共晶相图。

二元合金系中，一定成分的液相，在一定温度下同时结晶出成分一定的两种不相同固相的转变，称为共晶转变。

二元共晶相图有两种基本形式：一种是在固态时二组元完全不相互溶解，另一种是在固态时二组元有限溶解。后一种形式是常见的共晶相图，Pb-Sn、Pb-Sb、Ag-Cu、Al-Si 等合金系都属于这类相图。

③包晶相图：两组元在液态下无限互溶、在固态下有限溶解，并发生包晶转变的二元合金系相图，称为包晶相图。

在一定温度下，由一定成分的固相与一定成分的液相作用，形成另一个一定成分固相的转变过程，称为包晶转变。Pt-Ag、Sn-Sb、Cu-Sn、Cu-Zn 等合金系都属于这类相图。

④具有共析反应的相图：在一定温度下，由一定成分的固相分解为另外两个一定成分固相的转变过程，称为共析转变或共析反应，其相图即具有共析反应的相图。

⑤含有稳定化合物的相图：在某些二元合金系中，组元间可能形成一些稳定的金属间化合物。稳定的金属间化合物是指具有一定熔点，且在熔点以下保持其固有结构而不发生分解的化合物。

3. Fe-Fe₃C 相图

$Fe-Fe_3C$ 相图是指在极其缓慢的加热或冷却条件下，不同成分的铁碳合金在不同温度下所具有的状态或组织的图形。它是研究铁碳合金成分、组织和性能之间关系的理论基础，也是选材、制订热加工及热处理工艺的重要依据。

（1）铁碳合金的基本组织

①铁素体。

碳溶入 $\alpha-Fe$ 中形成的间隙固溶体称为铁素体，用符号 F 或 α 表示。体心立方晶格的间隙分布较分散，故间隙尺寸很小，因而溶碳能力较差，在 727℃时碳的溶解度最大，为 0.0218%，室温时几乎为零。铁素体的塑性、韧性很好，但强度、硬度较低。

②奥氏体。

碳溶入 $\gamma-Fe$ 中形成的间隙固溶体称为奥氏体，用符号 A 或 γ 表示。面心立方晶格的致密度较大，晶格间隙的总体积虽较铁素体小，但其分布相对集中，单个间隙的体积较大，因而 $\gamma-Fe$ 的溶碳能力比 $\alpha-Fe$ 强，727℃时溶解度为 0.77%，随着温度的升高，溶碳量增多，1148℃时其溶解度最大，为 2.11%。

奥氏体常存在于727℃以上,是铁碳合金中重要的高温相,强度和硬度不高,但塑性和韧性很好,易锻压成形。

③渗碳体。

渗碳体是铁和碳相互作用而形成的一种具有复杂晶体结构的金属化合物,常用化学分子式 Fe_3C 表示,含碳量为 6.69%,熔点为1227℃,硬度很高,塑性和韧性极低,脆性大。渗碳体是钢中的主要强化相,在钢和铸铁中一般呈片状、网状或球状。它的尺寸、形状和分布对钢的性能影响很大。

④珠光体。

珠光体是由铁素体和渗碳体组成的多相组织,用符号 P 表示。珠光体中碳的质量分数平均为 0.77%。由于珠光体组织是由软的铁素体和硬的渗碳体组成的,因此,其性能介于铁素体和渗碳体之间,即具有较高的强度和塑性,硬度适中。

⑤莱氏体。

碳的质量分数为 4.3% 的液态铁碳合金冷却到 1148℃时,结晶出奥氏体和渗碳体的多相组织称为莱氏体,用符号 Ld 表示。在 727℃以下,莱氏体由珠光体和渗碳体组成,称为变态莱氏体,用符号 Ld′表示。莱氏体的性能与渗碳体相似,硬度很高,塑性很低。

(2)铁碳合金分类

根据碳的质量分数和室温组织的不同,铁碳合金可分为三类:

①工业纯铁:含碳量不超过 0.0218% 的纯铁。

②钢:根据室温组织不同,钢可分为三类。

亚共析钢:化学成分低于共析成分[0.0218%<w(C)<0.77%],室温平衡组织为铁素体和珠光体的钢。

共析钢:具有共析成分[w(C)=0.77%],室温平衡组织全部为珠光体的碳素钢。

过共析钢:化学成分超过共析成分[0.77%<w(C)<2.11%],室温平衡组织为先共析渗碳体和珠光体的钢。

③白口铁:根据室温组织不同,白口铁可分为三类。

亚共晶白口铁:[2.11%<w(C)<4.3%],室温平衡组织由珠光体和变态莱氏体组成。

共晶白口铁:具有共晶成分[w(C)=4.3%],室温平衡组织由珠光体和渗碳体组成。

过共晶白口铁:[4.3%<w(C)<6.69%],室温平衡组织由一次渗碳体和变态莱氏体组成。

4.含碳量对铁碳合金组织和性能的影响

(1)含碳量对铁碳合金室温平衡组织的影响

在共析温度(727℃)以下,不同成分的铁碳合金都是由铁素体和渗碳体两相组成的。一方面,随着碳含量的增加,渗碳体的量呈线性增加;另一方面,随着碳含量的增加,渗碳体的形态和分布情况也发生变化,由分布在铁素体基体内的片状变为分布在奥氏体晶界上的网状,最后作为基体出现在莱氏体中。其室温组织变化情况如下:

$$F+P \rightarrow P \rightarrow P+Fe_3C_{II} \rightarrow P+Fe_3C_{II}+Ld' \rightarrow Ld' \rightarrow Ld'+Fe_3C_I$$

(2)含碳量对铁碳合金力学性能的影响

铁素体强度、硬度低,塑性好,渗碳体硬而脆。当钢中碳的质量分数小于 0.9% 时,随着碳含量的增加，钢的强度、硬度直线上升，而塑性、韧性不断下降；当钢中碳的质量分数大于0.9%时，因网状渗碳体的存在，不仅使钢的塑性、韧性进一步降低，而且强度也明显下降，但硬度仍直线上升。当钢中碳的质量分数大于2.11%时，由于组织中出现以渗碳体为基体的莱氏体，性能变得硬而脆，难以切削加工，因此在工业上很少应用。

第四章 钢的热处理

一、教学基本要求、重点与难点

(一)基本要求

①掌握热处理的概念；

②了解奥氏体的形成过程和影响因素；

③掌握过冷奥氏体等温转变(TTT 图)及其影响因素；

④掌握过冷奥氏体连续冷却转变(CCT 图)及其影响因素；

⑤掌握常规热处理工艺方法；

⑥了解表面热处理工艺；

⑦了解热处理的新技术、新工艺。

(二)重点

①奥氏体形成与长大的机理与影响因素；

②TTT 图和 CCT 图的意义；

③退火、正火、淬火和回火的目的、加热温度、冷却条件、组织性能变化及适用钢种。

(三)难点

①TTT 图和 CCT 图的区别；

②马氏体转变机理；

③淬透性和淬硬性的区别。

二、主要内容

1. 奥氏体形成过程

奥氏体的形成可分为四个步骤：奥氏体晶核的形成、奥氏体晶核的长大、剩余渗碳体的溶解、奥氏体成分均匀化。

2. 奥氏体晶粒大小

(1)起始晶粒度：P 向 A 转变完成时刚形成的 A 晶粒大小，即奥氏体化刚结束时的晶粒度。

(2)实际晶粒度:钢在某一具体加热条件下获得的 A 晶粒大小,它直接影响钢冷却后的力学性能。

(3)本质晶粒度:钢在加热时奥氏体晶粒长大的倾向,通常在规定加热条件下进行判定。

3.过冷奥氏体冷却转变

A 在临界点 A_1 以上是稳定相,冷却到 A_1 以下为不稳定相,将要发生转变,但转变前须经过一段孕育期。这种在临界点以下暂时存在的 A 称为过冷奥氏体($A_过$)。$A_过$ 的转变产物取决于转变温度,而转变温度又取决于冷却方式和冷却速度。

(1)过冷奥氏体等温冷却转变曲线(TTT 图)

$A_过$ 等温冷却转变曲线是表示过冷 A 在不同过冷度下的等温冷却过程中,转变温度、转变时间与组织转变量之间关系的曲线。因其形状很像字母"C",故称为 C 曲线,也称为 TTT 曲线。共析钢过冷奥氏体等温冷却转变曲线(TTT 图)如图 4-1 所示。

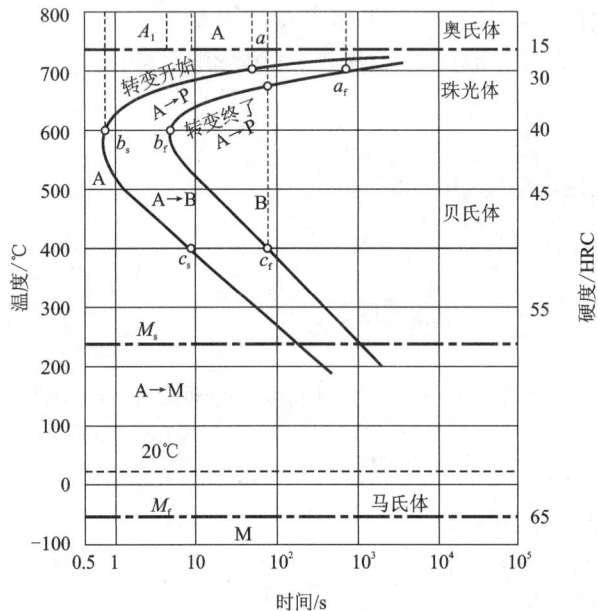

图 4-1 共析钢过冷奥氏体等温冷却转变曲线(TTT 图)

(2)过冷奥氏体连续冷却转变曲线(CCT 图)

实际生产中,钢的热处理多用连续冷却方法,如淬火、正火和退火等,因为连续冷却简便易行,故研究 $A_过$ 连续冷却转变曲线(CCT 图)对制订热处理工艺更有意义。过冷奥氏体连续冷却转变曲线(CCT 图)是分析连续冷却过程中奥氏体的转变过程及转变产物组织性能的依据。但 CCT 图的测定困难,目前仍有一些钢的 CCT 曲线未能建立,所以,常利用 TTT 图来分析连续冷却时过冷奥氏体的转变过程,但是这种分析只能是粗略的估计。

共析钢 TTT 曲线(实线)和 CCT 曲线(虚线)的比较及其转变组织如图 4-2 所示。

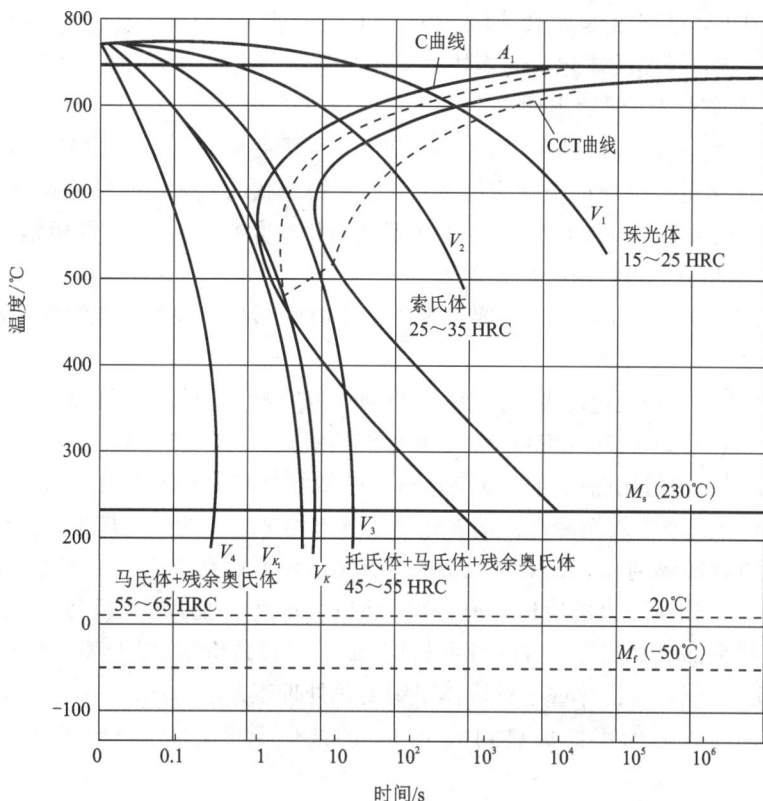

图 4-2 共析钢 TTT 曲线(实线)和 CCT 曲线(虚线)的比较及其转变组织

(3)过冷奥氏体冷却转变类型

①珠光体型转变(高温转变)。

珠光体型转变在 A_1~550℃进行。由于转变温度高,原子扩散能力强,可通过铁原子、碳原子的扩散和 A 晶格的改组获得 P 型组织。

②贝氏体型转变(中温转变)。

$A_过$ 在 M_s~550℃(共析钢 M_s 点约为 230℃)等温冷却时发生贝氏体转变。

上贝氏体:在 350~550℃碳原子尚有一定的扩散能力,仅有部分碳原子扩散到相邻的 A 中,在铁素体片间析出不连续的短棒状或细条状渗碳体,形成羽毛状的上贝氏体($B_上$)。上贝氏体的强度、硬度比珠光体高,塑性及韧性差,生产中很少使用。

下贝氏体:在 M_s~350℃碳原子扩散能力更差,只能在铁素体内就近形成细小的条状碳化物,形成针状的下贝氏体($B_下$)。下贝氏体具有高强度和高硬度,以及良好的塑性和韧性,生产中常用等温淬火的方法来获得 $B_下$组织,以提高零件的强韧性。

③马氏体型转变(低温转变)。

$A_过$ 在 M_f~M_s 的转变称为低温转变,转变产物为马氏体(M),故又称为马氏体转变。

4. 钢的热处理工艺

①退火:将钢加热到临界点(Ac_1、Ac_3)以上或以下的适当温度,保温一定时间,然后缓慢

冷却的热处理工艺。钢经退火后将获得接近平衡状态的组织。

（a）完全退火：将钢加热到 Ac_3 以上 30~50℃，保温一定时间，然后随炉缓冷。

（b）等温退火：将奥氏体化后的钢快冷至稍低于 A_1 温度，再保温足够时间，让 $A_过$ 完成等温分解转变为珠光体，然后出炉空冷。

（c）球化退火：将钢加热到 Ac_1 以上 20~30℃，保温足够时间后随炉缓冷或采用等温退火的冷却方式。球化退火是使钢中碳化物球状化，获得球状珠光体的一种热处理工艺。

（d）不完全退火：将钢加热至 Ac_1~Ac_3（亚共析钢）或 Ac_1~Ac_{cm}（过共析钢），经保温后缓慢冷却以获得接近于平衡组织的热处理工艺。

（e）去应力退火（低温退火）：主要是为了消除由变形加工及铸造、焊接引起的残余内应力而进行的退火。

（f）再结晶退火：将经过冷变形后的金属（如冷拔、冷拉及冷冲压件）加热到再结晶温度以上 100~200℃（一般为 650~700℃），适当保温后缓慢冷却的热处理工艺。

（g）扩散退火（均匀化退火）：将钢锭、铸件或锻坯加热到固相线以下 100~200℃并长时间（10~15 h）保温，然后缓慢冷却以消除化学成分不均匀现象的热处理工艺。

②正火：将钢加热到 Ac_3 或 Ac_{cm} 以上 30~50℃，保温后在空气中冷却得到珠光体类型组织的热处理工艺。由于正火的冷速比退火快，所以可得到较细小的索氏体组织。

③淬火：将钢加热到临界点 Ac_3（亚共析钢）或 Ac_1（过共析钢）以上某一温度，保温后以适当的方式冷却，以获得马氏体或下贝氏体组织的热处理工艺。

④回火：将淬火后的零件加热到低于 Ac_1 的某一温度并保温，再冷却到室温的热处理工艺。

根据对钢件性能要求的不同和回火温度的不同，可将回火分为三类：

（a）低温回火（150~250℃）：得到 $M_回$。低温回火可在保持高硬度、高强度和高耐磨性的情况下，适当提高淬火钢的韧性和减少淬火内应力。低温回火后硬度一般为 55~64 HRC，主要用于各种高碳钢制作的切削工具、冷作模具、滚动轴承、精密量具、丝杠，以及渗碳后淬火及表面淬火的零件等。

（b）中温回火（350~500℃）：得到 $T_回$。中温回火可使淬火钢中的内应力大大减少，使钢的弹性极限和屈服极限显著提高，同时又具有足够的强度、塑性、韧性，主要用于各种弹簧钢、塑料模、热锻模及某些要求强度较高的零件，如刀杆、轴套等。中温回火后硬度为 35~50 HRC。

（c）高温回火（500~650℃）：得到 $S_回$。高温回火可得到高强度和较高塑性、较高韧性的综合力学性能，主要用于各种重要的结构零件，特别是在交变载荷下工作的连杆、螺栓、螺帽、曲轴和齿轮等零件。调质处理（淬火+高温回火）可作为某些精密零件，如丝杠、量具、模具等的预备热处理，以减少最终热处理过程中的变形。调质处理后的硬度为 25~35 HRC。

5. 几个重要概念

淬硬性：指钢在正常淬火时所能达到的最高硬度值，可表明钢的淬硬能力。

淬硬性主要取决于钢中的碳含量，与合金元素的关系不大。碳含量越高，钢的淬硬性越高。

淬透性：指钢在淬火时获得马氏体 M 的能力。

淬透性主要取决于钢的临界冷却速度，与工件尺寸、冷却介质无关。凡是使 C 曲线右移的因素都提高钢的淬透性。

淬透性通常用钢在一定条件下淬火所获得的淬硬层深度来表示。淬硬层深度指由工件表面至半马氏体区(50%马氏体+50%非马氏体)的深度。

同一材料的淬硬层深度与工件的尺寸、冷却介质有关，工件尺寸小、介质冷却能力强，淬硬层深。

材料不同但尺寸相同的工件，在相同条件下淬火，淬硬层较深的钢，其淬透性较好。

调质处理：淬火+高温回火。

第一类回火脆性(不可逆回火脆性)：指钢在温度为 250~350℃回火时出现的脆性。无论碳钢还是合金钢，这类回火脆性都存在，且无论回火冷却速度快慢，均不可避免。因冲击韧度显著降低，出现第一类回火脆性时大多为沿晶断裂。

第二类回火脆性(可逆回火脆性)：指有些合金钢尤其是含 Cr、Ni、Si、Mn 等元素的合金钢，在 450~650℃高温回火后缓冷时，冲击韧度下降。它仅产生于慢冷回火中，快冷则可避免，一般可通过重新加热到 600℃以上然后快冷来消除。

第五章 合金钢与铸铁

一、教学基本要求、重点与难点

(一)基本要求

①了解合金化原理及合金元素的作用;
②掌握合金钢的分类和编号方法;
③掌握常用合金钢的特点及应用;
④掌握铸铁的特点、分类、石墨的形态和大小对铸铁性能的影响;
⑤了解铸铁的石墨化及其影响因素。

(二)重点

①钢的分类和编号方法;
②铸铁的石墨化及其影响因素;
③石墨的形态、大小对铸铁性能的影响;
④各类合金钢、铸铁牌号的识别、组织、性能、热处理特点及用途,每一种各列出一两个典型牌号。

(三)难点

①合金元素对 Fe-Fe$_3$C 相图和钢在加热及冷却时转变的影响;
②各类合金结构钢、合金工具钢和特殊性能钢的识别及用途。

二、主要内容

1.合金钢

(1)概念
合金钢是指在碳钢的基础上,有意识地加入一些合金元素的钢。

合金元素的加入,不仅能与钢中的铁素体、奥氏体、碳化物等相互作用,还会对 Fe-Fe$_3$C 相图和钢的热处理与相变过程产生明显的影响,并且能进一步改善钢的组织与性能,拓宽钢的应用领域。

（2）合金元素在钢中的作用

杂质元素 S、P 是有害元素，S 能引起热脆性，P 能引起冷脆性。

加入钢中的合金元素，根据其与铁的相互作用不同，可溶入铁素体，起固溶强化作用；也可溶入渗碳体（形成合金渗碳体）或直接与碳结合形成新的碳化物。为获得良好的强化效果，合金元素要控制在一定的含量范围内，并非加入越多越好。位于元素周期表 Fe 以左的过渡族金属元素均能形成碳化物，这些碳化物的熔点、硬度、耐磨性及稳定性都比渗碳体要高。扩大奥氏体相区的元素（如 Ni、Co、Mn 等）使 A_1、A_3 点下降，E、S 点向左下方移动；缩小奥氏体相区的元素（如 Cr、Mo、W 等）使 A_1、A_3 点上升，E、S 点向左上方移动。合金元素的加入还会影响钢的奥氏体化形成速度和晶粒度、C 曲线的位置、淬透性及回火转变后的性能。

（3）合金钢分类

①按用途分类。

合金结构钢：主要用于制造各种机械零件、工程结构件等。

合金工具钢：可分为量具刃具钢、耐冲击工具钢、热作模具钢、冷作模具钢、无磁模具钢和塑料模具钢等。

特殊性能钢：可分为抗氧化用钢、不锈钢、耐磨钢、易切削钢等。

②按合金元素分类。

低合金钢：合金元素的总含量在 5% 以下；

中合金钢：合金元素的总含量为 5% ~ 10%；

高合金钢：合金元素的总含量在 10% 以上。

③按金相组织分类。

合金钢按平衡组织或退火组织可分为亚共析钢、共析钢、过共析钢和莱氏体钢。

合金钢按正火组织可分为珠光体钢、贝氏体钢、马氏体钢和奥氏体钢。

（4）合金钢的性能与应用

合金结构钢包括普通低碳合金钢、易切削钢、渗碳钢、调质钢、弹簧钢和滚动轴承钢等，它们的淬透性、强度和韧性大大优于碳素结构钢，具有较高的硬度、塑性和优良的耐磨性、综合机械性能，可用来制造重要的齿轮、螺杆、轴类、弹簧和轴承等零部件。

合金工具钢包括刃具钢、冷作模具钢、热作模具钢和量具钢等，它们一般具有较高的碳和合金元素质量分数，不但硬度和耐磨性高于碳素工具钢，还具有优良的淬透性、红硬性和回火稳定性。为了提高加工性能和为最终热处理做组织上的准备，一般采用球化退火作为合金工具钢的预先热处理。这类钢常被用来制作尺寸较大、形状较为复杂的各类刃具、拉丝模、冷挤模、热锻模、丝锥、量规、块规等。

特殊性能钢包括不锈钢、耐热钢和耐磨钢等，当碳的质量分数较低时，不锈钢和耐热钢的编号方法与合金结构钢等有所不同。为了提高钢的耐腐蚀性和耐热性，不锈钢和耐热钢含有较多的铬、镍等元素，可广泛用于化工设备、管道、汽轮机叶片、医用器械等。根据组织的不同，耐热钢是指高温下具有较好的抗氧化性并兼有高强度的钢，分为奥氏体型、铁素体型、马氏体型耐热钢和沉淀硬化型耐热钢。耐磨钢含有较高的锰，经过水韧处理后，塑性、韧性较高，硬度较低，但是在强烈的冲击载荷作用和较大的压力下，会出现加工硬化现象，硬度和耐磨性大幅度提高，具有"表硬里韧"的特点，广泛用于制造在工作中受冲击和压力作用并有耐磨要求的零件，如挖掘机、拖拉机、坦克等的履带板、铁道道叉、球磨机衬板等。

（5）其他重要概念

热硬性(红硬性)：指钢在较高温度下，仍能保持较高硬度的能力。

固溶强化：溶质原子与基体原子大小不同，造成基体晶格畸变，会产生一个弹性应力场。此应力场增加了位错运动的阻力，会产生强化作用。

弥散强化：合金元素加入基体金属中，在一定条件下析出第二相粒子，运动的位错遇到第二相粒子时，必须通过它，滑移变形才能继续进行，因此其阻碍了位错的运动，产生了强化作用。

二次硬化：当含 W、Mo、V、Ti 量较高的淬火钢，在 500~600℃ 回火时，其硬度并不降低，反而升高，这种在回火时硬度升高的现象称为二次硬化。

水韧处理：把钢加热至临界温度以上（1050~1100℃），保温一段时间，使钢中碳化物能全部溶解到奥氏体中去，然后迅速浸淬于水中冷却。水韧处理后组织转变为单一的奥氏体或奥氏体加少量碳化物。

2. 铸铁

（1）概念

铸铁是含碳量大于 2.11% 的多元铁基合金，是机械工程上应用最广的金属材料之一。工业上实际应用的铸铁一般指的是碳以游离石墨形式存在的各类铸铁，石墨具有简单六方晶体结构，结晶时易成为层片状，强度、硬度、塑性和韧性极低，但是石墨的存在会有效地改善铸铁的润滑性能、切削加工性能、摩擦磨损性能、减振性能和缺口敏感性能。

（2）铸铁的石墨化及其影响因素

铸铁组织中石墨的形成过程称为石墨化。

在一定的化学成分和冷却条件下，铁碳合金可以按照 Fe-G 相图直接析出石墨。铸铁的石墨化可分为三个阶段，根据其进行的程度，最终得 P+G、F+P+G 和 F+G 铸铁组织。

影响铸铁石墨化的主要因素是结晶过程中的冷却速度和化学成分。

①冷却速度的影响：在实际生产中，往往存在同一铸件厚壁处为灰铸铁，而薄壁处却为白口铸铁的情况。这种情况说明在化学成分相同的情况下，铸铁结晶时，厚壁处由于冷却速度慢，有利于石墨化过程的进行，薄壁处由于冷却速度快，不利于石墨化过程的进行。

②化学成分的影响：C、Si、Al、Cu、Ni、Co 等元素促进石墨化，而 Cr、W、Mo、V、Mn、S 等元素阻碍石墨化。

（3）铸铁种类

根据铸铁在结晶过程中石墨化程度的不同，可将其分为三类：

白口铸铁：第一、第二、第三阶段的石墨化过程全部被抑制，完全按照 Fe-Fe$_3$C 相图进行结晶而得到的铸铁，其中碳全部以 Fe$_3$C 形式存在，铸铁组织中存在大量莱氏体，性能硬而脆，切削加工较困难，断口白亮。

灰口铸铁：第一、第二阶段的石墨化过程充分进行而得到的铸铁，其中碳主要以石墨形式存在，断口呈暗灰色，是工业上应用最多、最广的铸铁；根据第三阶段石墨化进行的程度，最终得 P+G、F+P+G 和 F+G 铸铁组织。

麻口铸铁：第一、第二阶段的石墨化过程部分进行而得到的铸铁，其中一部分碳主要以石墨形式存在，另一部分以 Fe$_3$C 形式存在，其组织介于白口铸铁和灰口铸铁之间，断口黑白相间构成麻点；该铸铁含有不同程度的莱氏体，具有较大的硬脆性，切削加工困难，工业上很少使用。

根据灰口铸铁中石墨的形态，可将其分为四类：

灰铸铁：含较高的碳和硅，在金属基体上分布着片状石墨，它的缺口敏感性小，适宜制作承压较大的缸体、形状复杂的零件、导轨等。为了消除大片状石墨对灰铸铁力学性能的影响，常加入硅铁等进行孕育处理，孕育后的铸铁的力学性能明显提高，可制作受力较大、形状较复杂的凸轮、汽缸等重要零件。热处理不会对灰铸铁的力学性能产生明显的影响，但可以消除内应力，改善切削加工性能和磨损性能。

可锻铸铁：是白口铸铁通过石墨化退火得到的，碳和硅的含量受到了控制，在金属基体组织上分布有团絮状石墨。可锻铸铁有较高强度、塑性和冲击韧性，适宜制作形状复杂、承受冲击载荷的机器壳体等薄壁铸件。

球墨铸铁：在金属基体组织上分布着球形石墨的铸铁。在浇注前向铁水中加入一定量的球化剂和孕育剂，浇注后就可获得球状石墨结晶的铸铁。它的碳和硅含量比灰铸铁高，锰、硫、磷含量较低。球墨铸铁的强度、塑性、韧性很高，屈强比优于钢，铸造性能、加工性能、磨损性能优良，成本低廉，常用来制作承受重载荷且受力复杂的曲轴、连杆、活塞等重要零件。球墨铸铁淬透性好，共析温度高，可通过退火、正火、调质、等温淬火等热处理手段来改善钢基体组织和性能。

蠕墨铸铁：碳主要以蠕虫状石墨析出存在于金属基体之中的铸铁。

（4）特殊性能铸铁

特殊性能铸铁是铸铁在熔炼时有意加入锰、硅、铬、钼等合金元素，得到具有耐磨、耐蚀或耐热特性的合金铸铁。其熔炼简单，生产方便，成本低，使用性能好，但是由于合金元素较多，脆性较大，力学性能不如钢。

第六章　非铁金属材料

一、教学基本要求、重点与难点

(一)基本要求

①掌握铝及铝合金、铜及铜合金、钛及钛合金、轴承合金的分类、化学成分、性能特点和主要用途；

②掌握纯铝、形变铝合金和铸造铝合金的成分、性能和热处理特点及其应用；

③掌握铜的合金化及其强化途径，了解纯铜、黄铜、青铜和白铜的成分、性能和热处理特点及其应用；

④了解滑动轴承合金的工作条件、性能要求，了解粉末冶金材料的特点。

(二)重点

①铝合金和铜合金的分类及性能特点；

②每一种合金的典型牌号；

③铝合金的热处理特点及铝硅合金变质处理的作用。

(三)难点

①形变铝合金和铸造铝合金的成分、性能和热处理特点及其应用；

②有色金属的固溶处理和时效强化的过程。

二、主要内容

1. 铝及铝合金

(1)工业纯铝

工业纯铝为面心立方晶格，塑性好，可进行冷热压力加工，导电性、导热性好，耐蚀性好。

(2)铝合金

①铝合金概述。

纯铝强度、硬度很低，塑性、导电性和导热性很高。为了用作承载结构材料，常在纯铝中加入硅、铜、镁、锌等元素，通过固溶强化、沉淀强化，可以大幅度提高强度，也可以在获得良好力学性能的同时,改善铸造工艺性能。

②铝合金的主要强化途径。

铝合金的强化途径主要有冷变形(加工硬化)、热处理(时效强化)、变质处理(细晶强化)。

铝合金既具有高强度,又保持了纯铝的优良性能,是航空、运输等行业广泛使用的轻质结构材料。

③铝合金的分类及应用。

铝合金可以分为变形铝合金和铸造铝合金。

变形铝合金,包括防锈铝、硬铝、超硬铝和锻铝等,分为热处理不强化的变形铝合金和热处理强化的变形铝合金。

铸造铝合金,包括 Al-Si 系、Al-Cu 系、Al-Mn 系和 Al-Zn 系等,合金中有低熔点共晶组织,流动性较高,适宜铸造成型,常用于制造汽车、拖拉机的发动机零件和形状复杂的零件等。

2. 铜及铜合金

(1)工业纯铜

工业纯铜为面心立方晶格,塑性及导电性、导热性优良,耐大气、淡水腐蚀。纯铜的导电性、导热性仅次于银,塑性较高,强度和硬度低。

(2)铜合金

①铜合金的性能及应用。

铜合金既提高了强度,又保持了纯铜的特性,在工业中得到广泛应用。

②铜合金的分类。

黄铜:锌为主要合金元素的铜合金称为黄铜;

白铜:镍为主要合金元素的铜合金称为白铜;

青铜:黄铜和白铜以外的铜合金均称为青铜,青铜有锡青铜、铝青铜和铍青铜等。

3. 钛及钛合金

(1)工业纯钛

纯钛密度小,呈灰白色,在固态下具有两种晶体结构,塑性好、强度低、易于加工成形,不能用热处理强化,只能用冷变形强化。

(2)钛合金的分类与应用

钛合金比纯钛强度高,又部分保留了纯钛的特性,主要用于航空航天、石油化工、舰船制造等工业领域。

根据退火组织,可将钛合金分为三类:α 钛合金、β 钛合金和(α+β)钛合金,分别用符号 TA、TB、TC 加编号表示。应用最广、用量最大的钛合金是(α+β)型的 TC4(Ti-6Al-4V),其强度高,塑性、热强性、耐蚀性和低温韧性良好,可用于制造飞机压气机叶片、火箭发动机外壳及舰船耐压壳体等。

4. 轴承合金

（1）轴承合金概念

滑动轴承是机器中用以支撑轴进行运转的零件，滑动轴承一般是由轴承体和轴瓦组成的，制造轴瓦及其内衬的合金称为轴承合金。

（2）轴承合金的性能要求

①有足够的抗压强度和疲劳强度；

②有足够的塑性和韧性；

③低摩擦系数；

④有良好的导热性和较小的膨胀系数。

（3）常用的轴承合金

常用的轴承合金按化学成分不同可分为锡基轴承合金、铅基轴承合金、铜基轴承合金、铝基轴承合金和铁基轴承合金，其中锡基轴承合金和铅基轴承合金又统称为巴氏合金。

（4）轴承合金的应用

轴承合金一般在铸态下使用，其组织一般是软（硬）基体上分布着硬（软）的质点，能有效地发挥材料的潜力。

为了节约有色金属，提高轴承合金的疲劳强度、承载能力、耐热性和延长使用寿命等，常在钢制轴瓦上镶铸轴承合金，形成"双金属"结构或"三金属"结构的轴承合金，轴承合金广泛应用于汽车、拖拉机、汽轮机的高速轴轴瓦。

5. 粉末冶金材料

粉末冶金是一种制取金属粉末，以及采用成型和烧结工艺将金属粉末（或金属粉末与非金属粉末的混合物）制成制品的工艺技术。

粉末冶金的特点：

①某些特殊性能材料的唯一制造方法；

②可直接制作出尺寸准确、表面光洁的零件，为少切削甚至无切削生产工艺；

③节约材料和加工工时，此两项成本低；

④制品强度较低；

⑤流动性较差，形状受限制；

⑥压制成型的压强较高，制品尺寸较小；

⑦压模成本较高。

第七章 非金属材料

一、教学基本要求、重点与难点

（一）基本要求

①掌握高分子材料的基本概念、分类、命名方法、结构与性能；
②掌握常用高分子材料的工程应用；
③了解陶瓷材料的组成相及其结构；
④掌握常用的工业陶瓷材料的性能及应用；
⑤了解复合材料的概念、复合材料的性能及增强机制。

（二）重点

①机械工业中应用广泛的塑料和合成橡胶；
②常用的工业陶瓷材料；
③复合材料的性能及增强机制。

（三）难点

①非金属材料的特点（与金属材料相对照）；
②复合材料的增强机制。

二、主要内容

1.高分子材料

（1）高分子材料定义

高分子材料是指以高分子化合物为主要组成部分的材料。高分子化合物是指相对分子质量很大的有机化合物，常称为聚合物或高聚物，其相对分子质量一般在5000以上。

（2）高分子材料的性能

高分子化合物具有很多独特的性能，如高弹性、重量轻、比强度高、塑性好、耐磨性好、绝缘性优异、耐蚀性高等，从而在现代工业中得到充分应用。材料的性能与其结构之间的关系是密不可分的。高分子的特殊性能在很多情况下是由其具有的链状结构所决定的。

合成时条件的不同，使高分子化合物的聚合度不同，这导致高分子化合物具有多分散性。高分子化合物的分子具有不同的构型，有线型、支链型和网状等几种，从而使高分子化合物有热塑性和热固性之分。

在不同的温度下，高分子化合物具有不同的物理状态：玻璃态、高弹态、黏流态。

（3）常用的高分子材料

塑料：

①塑料是以天然或合成的高分子化合物为主要成分，加入各种添加剂所制成的有机高分子材料。塑料大多由合成树脂和其他添加剂组成，其中合成树脂是塑料的主要成分。

②添加剂的种类主要有：填充剂、增塑剂、固化剂、稳定剂、着色剂、润滑剂、发泡剂、防静电剂、阻燃剂、稀释剂、芳香剂等。

③塑料性能：密度小、比强度高、化学稳定性高、绝缘性好、减摩性好、减振好、消音好、耐磨性好、生产效率高、成本低。

④塑料的种类很多，按其热性能不同，可分为热塑性塑料和热固性塑料；按使用范围不同，可分为通用塑料与工程塑料。

工程塑料是在玻璃态下使用的高分子材料，由树脂和各种添加剂组成。工程塑料的优点是相对密度小、耐蚀性、电绝缘性、减磨性、耐磨性好，并有消音、减振功能；缺点是刚性差、耐热性差、强度低、热膨胀系数大、导热系数小、蠕变温度低、易老化。

常用的工程塑料有：聚氯乙烯、聚苯乙烯、聚烯烃、酚醛塑料、氨基塑料、聚甲醛、聚酰胺、聚碳酸酯、ABS、聚四氟乙烯、聚三氟乙烯、有机硅树脂、环氧树脂等。

橡胶：

①橡胶是一种天然的或人工合成的高分子弹性体，与塑料的区别是它在较宽的温度范围内处于高弹态，可保持明显的高弹性。橡胶的主要成分是生橡胶。

②橡胶的性能：高弹性，优良的伸缩性和积蓄能量的能力，良好的耐磨性、隔音性及阻尼特性；但其耐寒性、耐臭氧性及耐辐射性较差。

③橡胶的分类：按橡胶的原料来源不同可分为天然橡胶和合成橡胶；按橡胶的应用范围不同可分为通用橡胶和特种橡胶。

④常用的橡胶：异戊橡胶、丁苯橡胶、氯丁橡胶、顺丁橡胶、丁基橡胶等。

⑤橡胶广泛用于制造密封件、减振器、轮胎、电线电缆等。

2.陶瓷材料

（1）陶瓷材料概述

陶瓷材料是除金属和高聚物以外的无机非金属材料的通称，一般至少由两类元素组成：一类是非金属元素或非金属固体元素，另一类是金属元素或另外一类非金属固体元素。

陶瓷是由金属与非金属元素形成的化合物，其结合键主要是离子键或共价键。其结合强度高，且滑移系少，位错的柏氏矢量大，位错的点阵阻力高，位错运动困难，导致其脆性大，抗热震性差。可以通过细化晶粒、相变增韧等方法减少陶瓷的脆性。

按使用的原材料可将陶瓷材料分为普通陶瓷和特种陶瓷两类。普通陶瓷主要用天然的材料做原料，而特种陶瓷则用人工合成的材料做原料。陶瓷材料通常由晶相、玻璃相和气相组成，其主要成分是氧化物、碳化物、氮化物、硅化物等，因而其结合键以离子键、共价键或两者的混合键为主。

（2）陶瓷材料的性能

①力学性能：硬度高，耐磨性好，抗压强度高，抗拉强度低，塑性、韧性极低。

②物理性能：熔点高，高温强度优良，抗热震性低，热导率、热容量低。

③化学性能：具有很高的耐火性能及不可燃烧性，是非常好的耐火材料。

④电学性能：具有较高的电阻率、较小的介电常数和介电损耗，是优良的电绝缘材料。

（3）常用的工业陶瓷材料

普通陶瓷、氧化铝陶瓷、氮化硅陶瓷、碳化硅陶瓷、氮化硼陶瓷等。

3. 复合材料

（1）复合材料概述

复合材料是由两种或两种以上不同物理、化学性质或不同组织结构的材料经人工组合而成的一种新型多相固体材料。

复合材料既保持了各组分材料的性能特点，又通过叠加效应，使各组分之间取长补短，相互协同，形成优于原材料的特性，得到多种优异性能，这是任何单一材料都无法比拟的。

（2）复合材料的性能

复合材料是各向异性的非均匀材质材料，与传统材料相比，具有以下性能特点：

①比强度、比模量高：比强度与比模量是指材料的强度、弹性模量与其密度之比；

②抗疲劳性能好；

③减振性能好；

④高温性能优良；

⑤安全性好。

（3）复合材料的分类

①按基体类型分类：金属基复合材料、高分子基复合材料、陶瓷基复合材料。

②按增强材料类型分类：纤维增强复合材料、颗粒增强复合材料、层叠复合材料。

③按复合材料用途分类：结构复合材料、功能复合材料。

（4）常用的复合材料

①纤维增强复合材料：玻璃纤维复合材料、炭纤维复合材料、金属纤维复合材料。

②颗粒增强复合材料。

③层叠复合材料：夹层结构复合材料、双层金属复合材料、金属-塑料多层复合材料。

4. 其他概念

玻璃态：当温度低于 T_g 时，高分子化合物是一种性质与玻璃相似的非晶态固体，称为玻璃态。

高弹态：当温度处于 T_g 到 T_f 之间时，高分子材料处于一种像橡胶那样的高弹性状态，称为高弹态。

黏流态：当温度高于 T_f 时，高分子化合物将变成流动的黏液状态，称为黏流态。

玻璃化温度 T_g：高分子化合物玻璃态与高弹态间的转变温度。

黏流温度 T_f：高分子化合物高弹态与黏流态间的转变温度。

热塑性塑料：线型聚合物，加热时可熔融，并能溶于适当溶剂中；受热时可塑化，冷却时则固化成型，并且可以如此反复进行。

热固性塑料：体型聚合物，加热条件下发生交联反应，形成了网状或体型结构，再加热后不能熔融塑化，也不溶于溶剂。

第八章　机械零件的失效分析及材料选择

一、教学基本要求、重点与难点

（一）基本要求

①了解失效的概念、形式；
②了解失效分析的一般方法；
③了解零件设计中材料选择的基本原则；
④熟悉一些典型零件和刃具的选材及热处理工艺。

（二）重点

①设计中材料选择的基本原则；
②典型零件和刃具的选材及热处理工艺。

（三）难点

零件的失效分析。

二、主要内容

1. 失效形式

零件丧失使用功能称为失效。零件常见的失效形式一般可分为断裂失效、过量变形失效和表面损伤失效三大类。

①断裂失效：因零件承载过大或因疲劳损伤等原因发生破断。断裂方式有塑性断裂、疲劳断裂、蠕变断裂、低应力脆性断裂等。

②过量变形失效：指零件变形量超过允许范围而造成的失效，主要有过量弹性变形失效和过量塑性变形失效两种类型。过量弹性变形失效会使零件失去有效的工作能力。过量塑性变形失效会使零件的尺寸和形状发生改变，从而破坏零件与零件之间的相对位置和配合关系，致使整台机器不能正常工作。

③表面损伤失效：指零件的表面及附近材料失去正常工作所必需的形状、尺寸和表面粗糙度而造成的失效，主要有表面磨损失效、表面腐蚀失效和表面疲劳失效。

除上述几种失效形式外，材料的老化也会导致失效。

2. 失效原因

造成零件失效的因素很多，涉及零件的设计、选材、加工、装配及使用等。

①设计不合理：主要是结构或形状的不合理。例如，零件上有尖角、缺口或过渡圆角太小时，会产生较大的应力集中而导致失效。

②选材不合理：主要指所选用的材料不当，其性能不能满足工作条件的要求。

③加工工艺不当：主要指零件在冷、热加工过程中，由于采用的工艺方法不合理产生缺陷而导致失效。

④装配使用不当：主要指在装配过程中，装配过紧、过松、对中不准、固定不稳等；在使用过程中不按工艺规程操作、维修和保养，使零件不能正常工作，造成零件的早期失效。

3. 选材的基本原则

选材的基本原则是所选材料的使用性能应能满足零件的使用要求，易加工、成本低、寿命高，即从材料的使用性能、工艺性能和经济性三个方面进行综合分析。

（1）使用性能

①分析零件的工作条件：一般根据零件在整机中的作用，先进行受力状态分析，并考虑零件的形状、大小及工作环境，再提出零件所选材料应具备的主要性能指标。

②分析零件的失效形式：在设计之初，要对零件可能发生的失效原因进行全面分析，找出主要因素，从而确定零件所必须具备的主要使用性能指标。

③将对零件的使用性能指标要求转化为对材料的使用性能指标要求：根据零件的尺寸、工作时所承受的载荷计算应力分布，再根据工作应力、预期使用寿命与材料性能指标之间的关系，模拟试验或参考以往经验数据来具体量化性能指标值。

④材料预选：一是查手册；二是根据经验，参考同类零件的用材；三是直接选用新材料。

（2）工艺性能

选择材料时，一般除考虑使用性能，还要考虑工艺性能。

①金属材料的工艺性能包括铸造性能、压力加工性能、焊接性能、切削加工性能和热处理性能等。

②高分子材料的加工工艺比较简单，主要是成形加工。高分子材料切削加工性能较好，与金属材料基本相同，但其导热性能差，在切削过程中不易散热，易使零件温度急剧上升，使热固性树脂变焦，使热塑性材料变软。

③陶瓷材料加工，主要是采用粉浆、热压、挤压等成形加工方法，其切削加工性能差。

（3）经济性

经济性是指材料加工成零件时，其生产和使用总成本最低。选材应立足于国内和较近地区的资源，考虑货源的生产和供应情况，所选材料的品种、规格应尽量少而集中，尽可能采用标准化、通用化的材料。

在金属材料中，碳钢和铸铁的价格比较低廉，而且加工方便。因此在能满足零件性能要求的前提下，选用碳钢和铸铁能降低成本。以铁代钢，以铸代锻，以焊代锻，条件允许时甚至可以工程塑料代金属材料，这些办法均能有效降低零件成本，简化加工工艺。

第二部分

习　题

第一章 材料的结构与结晶

一、选择题

1. 材料的内部结构及( )是决定其性能的两个重要因素。

A. 几何形状 　　　　 B. 化学成分 　　　　 C. 宏观形貌

2. 属于体心立方晶格的金属有( )。

A. α-Fe，铝 　　 B. α-Fe，铬 　　 C. γ-Fe，铝 　　 D. γ-Fe，铬

3. 属于面心立方晶格的金属有( )。

A. α-Fe，铜 　　 B. α-Fe，钒 　　 C. γ-Fe，铜 　　 D. γ-Fe，钒

4. 在晶体缺陷中，属于点缺陷的有( )。

A. 间隙原子 　　　　 B. 位错 　　　　 C. 晶界 　　　　 D. 缩孔

5. 配位数是晶体结构中与任一原子周围( )的原子数。

A. 最近邻且等距 　　 B. 最远离且等距 　　 C. 最近邻且不等距

6. 中间相是合金组元之间相互作用形成的、晶格类型和特性均( )的新相，或称为金属化合物。

A. 与任一组元相同 　　 B. 不同于任一组元 　　 C. 可同于任一组元也可不同于任一组元

7. 在立方晶系中，指数相同的晶面和晶向( )。

A. 相互平行 　　　　 B. 相互垂直 　　　　 C. 相互重叠 　　　　 D. 毫无关联

8. 在面心立方晶格中，原子密度最大的晶面是( )。

A. (100) 　　　　 B. (110) 　　　　 C. (111) 　　　　 D. (122)

9. 相是合金中具有同一化学成分、同一结构和原子聚集状态，并以明显的界面互相( )组成成分。

A. 分开的、均匀的 　　 B. 分开的、不均匀的 　　 C. 聚集的、不均匀的

10. 合金是( )，通过熔化或其他方法结合在一起所形成的具有金属特性的物质。

A. 一种金属元素同一种非金属元素

B. 一种金属元素同另一种金属元素

C. 一种金属元素同另一种或几种金属或非金属元素

二、填空题

1. 每个面心立方晶胞在晶核中实际含有_____原子，致密度为_____，配位数为_____。

2. 每个体心立方晶胞在晶核中实际含有_____原子，致密度为_____，配位数为_____。

3. 每个密排六方晶胞在晶核中实际含有 _____ 原子, 致密度为 _____, 配位数为 _____。

4. 晶粒是在多晶体中, 彼此 _____、_____ 的小晶体。

5. 金属晶体中的面缺陷主要有 _____ 和 _____ 两种。

6. 位错最基本的类型有 _____ 和 _____。

7. 位错是晶体中某处有一列或若干列原子发生 _____。

8. 晶界是晶粒与晶粒之间的 _____。

9. 纯铁在 1200℃ 时晶体结构为 _____, 在 800℃ 时晶体结构为 _____。

10. 固态合金常见的两类基本相为 _____ 和 _____。

11. 合金组元通过溶解形成一种成分和性能均匀、结构与组元之一相同的固相称为 _____。

12. 金属的结晶都要经历 _____ 和 _____ 两个过程。

13. 理论结晶温度与实际结晶温度之差称为 _____。

14. 在过冷液体中形成固态晶核, 有两种形核方式: _____ 和 _____。

15. 晶核的长大有 _____ 与 _____ 两种形式。

三、问答题

1. 实际金属晶体中包含哪些类型的晶体缺陷? 对金属的力学性能有何影响?

2. 在立方晶系中, {120} 晶面族包含哪些晶面?

3. 何谓晶体结构? 常见的金属晶体结构有哪三种? 试述每种常见金属晶体结构的基本特征。α-Fe、γ-Fe、Al、Cu、Ni、Pb、Cr、V、Mg、Zn 各属于何种晶体结构?

4. 工业纯铁从 γ-Fe 转变成 α-Fe 时, 其体积有何变化? 简述其原因。

5. 金属单晶体存在各向异性，多晶体是否存在各向异性呢？为什么？

6. 为什么液态金属结晶时必须过冷？

7. 在实际生产中，为什么金属结晶时常以枝晶方式长大？

8. 试分析过冷度对形核率和晶体长大速率的影响。

9. 为什么一般希望金属材料获得细晶粒？细化晶粒的措施有哪些？

10. 结晶的基本条件是什么？基本规律是什么？

11. 试以纯铁为例，说明何谓金属的同素异构转变及其实际意义。

四、思考题

1. 何谓均匀形核？何谓非均匀形核？有什么异同点？为什么非均匀形核比均匀形核更容易进行？

2. $Fe_{(a)}C$、$Fe-2\%Si$、$CuZn$、Fe_3C、TiC 各是什么类型的合金相？有什么特点？

3. 碳可溶入铁中形成间隙固溶体。试分析 $\alpha-Fe$ 和 $\gamma-Fe$ 溶解碳原子能力差异的原因。

4. 何谓过冷、过冷度、动态过冷度？它们对结晶过程有何影响？

5. 从晶体结构的角度,说明间隙固溶体、间隙相及间隙化合物之间的区别。

6. 从结合键的角度,分析工程材料的分类及其特点。

7. 简述金属实际凝固时,铸锭的三种宏观组织的形成机制。

第二章　材料的性能与力学行为

一、选择题

1. 零件图样上硬度标注正确的是(　　)。

A. HRC 68~74　　　　　B. 700~800 HBW　　　　C. 300~350 HV

2. 弹性极限是材料产生____时所能承受的____应力值。(　　)

A. 部分弹性变形　最小　　　　　　　　　B. 完全弹性变形　最大

C. 部分塑性变形　最小

3. 屈服强度是材料开始产生____时的____应力值。(　　)

A. 明显弹性变形　最低　　　　　　　　　B. 明显塑性变形　最高

C. 明显塑性变形　最低

4. 材料的刚度与(　　)有关。

A. 弹性模量　　　　　　B. 屈服强度　　　　　　C. 拉伸强度

5. 下列说法正确的是(　　)。

A. 一般把冲击韧度值高的材料称为脆性材料，冲击韧度值低的材料称为韧性材料

B. 韧性材料在断裂前有明显的塑性变形，断口呈现纤维状，无光泽

C. 脆性材料在断裂前无明显的塑性变形，断口较平整，呈结晶状或瓷状，无金属光泽

6. 疲劳极限是指材料经无数次应力循环后____断裂时的____应力值。(　　)

A. 发生　最小　　　　B. 仍不发生　最小　　　C. 仍不发生　最大

7. 对下列工件进行硬度测试，采用的测试方法正确的是(　　)。

A. 锉刀：采用洛氏硬度(HR)

B. 黄铜轴套：采用维氏硬度(HV)

C. 耐磨工件的表面硬化层：采用布氏硬度(HBW)

8. 晶体中弹性变形和塑性变形的区别是(　　)。

A. 塑性变形不可逆，去除外力可恢复

B. 塑性变形可逆，去除外力不可恢复

C. 塑性变形可逆，永久变形不可恢复

9. 进行疲劳试验时，试样承受的载荷为(　　)。

A. 静载荷　　　　　　　B. 冲击载荷　　　　　　C. 交变载荷

10. 金属材料(　　)越好，其锻造性能越好。

A. 强度　　　　　　　　B. 硬度　　　　　　　　C. 塑性

二、填空题

1. 力学性能是指材料在静态或动态载荷作用下，抵抗_____或_____的能力。

2. 动态力学性能包括_____、_____、_____、_____。

3. 应力是材料所承受的_____与试样_____之比。

4. 应变是_____与_____之比。

5. 低碳钢的拉伸应力–应变曲线可分为_____、_____、_____和_____。

6. 弹性阶段：当应力低于弹性极限_____时，为线弹性变形阶段，应力与试样的应变为正比关系，应力去除，变形消失。弹性极限和屈服强度之间，为非线弹性变形阶段，仍属于弹性变形，但应力与试样的应变不是正比关系。

7. 屈服阶段：材料达到屈服后，继续拉伸，载荷常有上下波动现象，故实际上存在上屈服强度_____和下屈服强度_____。

8. 强化阶段：当应力超过屈服强度后，出现加工硬化，试样发生_____。若使试样的应变增大，则必须增加应力值。

9. 颈缩阶段：当应力增加至某一最大值_____时，发生_____，出现颈缩现象，因局部截面的逐渐_____，承载能力也逐渐_____，最终断裂。

10. 由拉伸试验可以得出力学性能指标有_____、_____、_____。

11. 抗拉强度是试样_____前所能承受的_____应力值。

12. 塑性是材料在断裂前发生_____永久变形的能力，指标为_____和_____。

13. 伸长率是指试样拉断后标距长度的_____与_____之比的百分率。

14. 工艺性能是指金属材料在加工过程中对不同加工方法的_____。

15. 工艺性能主要包括_____、_____、_____、_____和_____。

三、问答题

1. 滑移面和滑移方向的特点是什么？

2. 为什么不同晶格类型的金属显示出不同的变形特征？三种金属晶体结构中哪一种塑性最大？为什么？

3.滑移的本质是什么？简述滑移的位错理论。

4.简述滑移变形和孪生变形的特点。

5.与单晶体的塑性变形相比，说明多晶体塑性变形的特点。

6.产生冷变形强化的实质是什么？有何实用价值？

7.金属冷塑性变形后，组织和性能会发生什么变化？

8.晶粒的大小对室温强度和塑性变形有什么影响？为什么？

9. 简述回复、再结晶及晶粒长大过程。

10. 怎样区分冷加工和热加工？钨板在1100℃加工变形和铅板在室温加工变形时，其组织和性能会有怎样的变化(已知钨、铅的熔点分别为3380℃和327℃)？热加工会造成哪些组织缺陷？

11. 某厂欲用一较薄的高强度材料代换原08钢生产某种冲压件，以降低产品重量，并要求在可能的情况下保留原设计，因而可保留原来的冲模。一青年工程师接受了此任务，他首先对新材料进行拉伸试验，得到延伸率为6%，然后他在08钢板上划方格，使它变形成要求形状，得出最大应变为4%，于是他认为新材料完全可代换08钢。但生产时发现最大应变区出现许多破裂损坏，即塑性不够。试问该工程师忽略了什么？

12. 在制造齿轮时，有时采用喷丸法(将金属丸喷射到零件表面上)使齿面得以强化。试分析其强化原因。

13. 简述强化金属材料的基本方法(细晶强化、固溶强化、弥散强化、变形强化或位错强化)。

四、思考题

1. 对纯铜板进行冷轧，如果要求其保持较高的强度，应进行哪种热处理？如需要继续冷轧变薄，又应进行哪种热处理？

2. 试从晶界的结构特征和能量特征分析晶界的特点。

3. 冷塑性变形对合金组织结构、力学性能、物理化学性能、体系能量有哪些影响？

4. 室温下对锡板（其熔点为232℃）和铁板（其熔点为1538℃）分别进行来回弯折，随着弯折的进行，各会发生什么现象？为什么？

5. 试分析冷轧薄板采用凸辊、热轧薄板采用凹辊的原因。

6.影响金属塑性的因素有哪些?

7.试比较金属材料在冷、热加工变形后所产生的纤维组织异同及消除措施。

8.已知材料的真实应力应变曲线 $\sigma_T = A\varepsilon^n$,$A$ 为材料常数,n 为硬化指数。试问简单拉伸材料出现细颈时的应变量为多少?

第三章 二元合金相图与铁碳合金

一、选择题

1. 铁素体是碳溶解在( )中所形成的间隙固溶体。

A. $\alpha-Fe$ B. $\gamma-Fe$ C. $\delta-Fe$ D. $\beta-Fe$

2. 奥氏体是碳溶解在( )中所形成的间隙固溶体。

A. $\alpha-Fe$ B. $\gamma-Fe$ C. $\delta-Fe$ D. $\beta-Fe$

3. 渗碳体是一种( )。

A. 稳定化合物   B. 不稳定化合物   C. 介稳定化合物   D. 易转变化合物

4. 在 $Fe-Fe_3C$ 相图中，钢与铁的分界点的含碳量为( )。

A. 2%   B. 2.06%   C. 2.11%   D. 2.2%

5. 莱氏体是一种( )。

A. 固溶体   B. 金属化合物   C. 机械混合物   D. 单相组织金属

6. 在 $Fe-Fe_3C$ 相图中，ES 线也称为( )。

A. 共晶线   B. 共析线   C. A_3 线   D. A_{cm} 线

7. 在 $Fe-Fe_3C$ 相图中，GS 线也称为( )。

A. 共晶线   B. 共析线   C. A_3 线   D. A_{cm} 线

8. 在 $Fe-Fe_3C$ 相图中，共析线也称为( )。

A. A_1 线   B. ECF 线   C. A_{cm} 线   D. PSK 线

9. 珠光体是一种( )。

A. 固溶体   B. 金属化合物   C. 机械混合物   D. 单相组织金属

10. 在铁碳合金中，当含碳量超过( )以后，钢的硬度虽然在继续增加，但强度却在明显下降。

A. 0.8%   B. 0.9%   C. 1.0%   D. 1.1%

二、填空题

1. 组成合金最基本的独立物质称为_____。

2. 合金在某温度下两平衡相的质量比等于该温度下与各自相区距离较远的成分线段之比称为_____。

3. 相律是表征平衡状态下体系中的_____、_____和_____之间的关系式。

4. 共晶反应是指二元合金系中，一定成分的液相在一定温度下同时结晶出成分一定的_____的转变。

5. 包晶反应是指在一定温度下，由_____与_____作用，形成另一个_____的固相的转变过程。

6. 凡在二元合金相中两组元在液态下能_____，在固态下形成两种不同的固相，并发生_____的相图称为二元共晶相图。

7. 两组元在液态下_____、在固态下_____，并发生包晶转变的二元合金系相图，称为包晶相图。

8. 在一定温度下，由一定成分的固相分解为另外两个一定成分固相的转变过程，称为_____。

三、问答题

1. 二元合金相图表述了合金的哪些关系？有哪些实际意义？

2. 根据 Pb-Sn 二元合金相图，说明 28%Sn 的 Pb-Sn 合金在高于 300℃、183℃及室温时，组织中有哪些相，并求出相的相对量。

3. 试分析比较纯金属、固溶体、共晶体三者在结晶过程和显微组织上的异同之处。

4. 已知 A(熔点 600℃)与 B(熔点 500℃)；在 300℃时，A 溶于 B 的最大溶解度为 30%，室温时为 10%，但 B 不溶于 A；在 300℃时，含 40%B 的液态合金发生共晶反应。试作出 A-B 合金共晶相图。根据共晶相图，指出适合于压力加工的合金及铸造性最好的合金，并说明原因。

5. 以铁碳合金为例写出共晶转变、共析转变表达式。

6. 为什么铸造合金常选用靠近共晶成分的合金, 而压力加工合金则选用单相固溶体成分的合金?

7. 根据 Fe-Fe$_3$C 相图, 确定下表中三种钢在指定温度下的显微组织名称。

钢号	温度/℃	显微组织	温度/℃	显微组织
45	770		900	
T8	680		770	
T12	700		770	

8. 某厂仓库中积压了许多碳钢(退火状态), 由于钢材混杂不知其化学成分, 现找出一根, 经金相分析后发现组织为珠光体和铁素体, 其中铁素体量占 80%。问此钢材碳的含量大约是多少? 是哪个钢号?

9. 现有两种铁碳合金, 在显微镜上观察其组织, 并以面积分数评定各组织的相对量。一种合金的显微组织中珠光体占 75%, 铁素体占 25%; 另一种合金的显微组织中珠光体占 92%, 二次渗碳体占 8%。这两种铁碳合金各属于哪一类合金? 其碳的质量分数各为多少?

10. 根据 $Fe-Fe_3C$ 相图解释下列现象。

（1）在进行热轧和锻造时，通常将钢材加热到 1000~1200℃。

（2）钢铆钉一般用低碳钢制作。

（3）绑扎物件一般用铁丝（镀锌低碳钢丝），而起重机吊重物时却用钢丝绳（60 钢、65 钢、70 钢等制成）。

（4）在 1100℃时，$w(C)=0.4\%$ 的碳钢能进行锻造，而 $w(C)=4.0\%$ 的铸铁不能进行锻造。

（5）在室温下，$w(C)=0.9\%$ 的碳钢比 $w(C)=1.2\%$ 的碳钢强度高。

（6）钢锭在正常温度（950~1100℃）下轧制，有时会开裂。

（7）钳工锯割 T8 钢、T10 钢等钢料比锯割 10 钢、20 钢费力，锯条易磨钝。

11. 下列说法是否正确？

（1）钢的碳含量越高，则其质量越好。

（2）共析钢在 727℃发生共析转变形成单相珠光体。

（3）$w(C)=4.3\%$ 的钢在 1148℃发生共晶转变形成莱氏体。

（4）钢的碳含量越高，其强度和塑性也越高。

12. 下列工件由于管理的差错造成钢材错用，问使用过程中会出现哪些问题？

（1）把 Q235-A 当作 45 钢制造齿轮。

（2）把 30 钢当作 T13 钢制成锉刀。

（3）把 20 钢当作 60 钢制成弹簧。

13. 根据括号内提供的钢号（20；08F；T12；65Mn；45），选择下列工件或工具所采用的材料：冷冲压件；螺钉；齿轮；小弹簧；锉刀。

四、思考题

1. 共晶体为何不能被称为相？

2. 用杠杆定律计算含碳量为 $w(C) = 0.3\%$ 的碳钢在共析温度下，组织中铁素体和珠光体的相对量各是多少？

3. 有一种过共析钢，其室温下含有质量分数为 3% 的 Fe_3C_{II}，请计算并判断该钢的含碳量是多少。

4.利用杠杆定律计算 $w(C) = 3.5\%$ 亚共晶白口铁在室温下组织中 P、Fe_3C_{II} 和 Ld′ 的相对含量。按相组成物计算 F 和 Fe_3C 的相对含量。

5.什么是碳钢？什么是白口铸铁？请按室温平衡组织将它们分类，并描述其相应的组织。

第四章　钢的热处理

一、选择题

1. 淬透性是指钢在淬火时获得(　　)的能力。
A. 珠光体　　　　　　B. 马氏体　　　　　　C. 贝氏体　　　　　　D. 奥氏体

2. 调质是指(　　)。
A. 淬火+高温回火　　　　　　　　　　B. 淬火+低温回火
C. 正火+淬火　　　　　　　　　　　　D. 正火+低温回火

3. 从 780℃ 急冷至 500~600℃ 的等温转变可获得(　　)。
A. 下贝氏体　　　　　　B. 奥氏体　　　　　　C. 马氏体　　　　　　D. 托氏体

4. 奥氏体向珠光体的转变是(　　)。
A. 扩散型转变　　　　　B. 非扩散型转变　　　C. 半扩散型转变　　　D. 密集型转变

5. 为了去除由塑性加工及机械加工等造成的及逐渐内存的残余应力，需进行(　　)。
A. 扩散退火　　　　　　B. 球化退火　　　　　C. 去应力退火　　　　D. 完全退火

6. 过共析钢正火的目的是(　　)。
A. 调整硬度，改善切削加工性能　　　　　B. 细化晶粒，为淬火做组织准备
C. 消除网状二次渗碳体　　　　　　　　　D. 防止淬火变形与开裂

7. 共析钢在奥氏体的连续冷却转变产物中，不可能出现的组织是(　　)。
A. 珠光体　　　　　　B. 贝氏体　　　　　　C. 索氏体　　　　　　D. 马氏体

8. 影响碳钢淬火后残余奥氏体的主要因素是(　　)。
A. 奥氏体的碳含量　　B. 钢材本身的碳含量　C. 加热速度　　　　　D. 加热保温时间

9. 碳素钢确定淬火温度的依据是(　　)。
A. TTT 曲线　　　　　B. CCT 曲线　　　　　C. 铁碳合金相图

10. 45 钢工件要求高强韧性的热处理是(　　)。
A. 正火　　　　　　　　　　　　　　　　B. 淬火
C. 淬火+高温回火　　　　　　　　　　　D. 淬火+低温回火

二、填空题

1. 低温回火的目的是_____。
2. 正火的目的是_____。
3. 淬硬性指正常淬火时所能达到的_____。
4. 钢的热处理是指采用适当的方式在固态下对钢件进行_____、_____和_____，以获得所需组织和性能的工艺方法。

5._____是钢热处理时最关键的工序。

6. 普通的热处理有_____、_____、_____、_____。

7. 钢在加热时由珠光体向奥氏体的转变过程称为_____。

8. 淬火钢在回火过程中抵抗强度、硬度下降的能力称为_____。

9. 淬火温度由钢的_____确定。

10. 将淬火后的零件加热到低于 Ac_1 的某一温度并保温，然后冷却到室温的热处理工艺称为_____。

三、问答题

1. 热处理的目的是什么？

2. 怎样把设计、选材和热处理联系起来？

3. 简述钢完全奥氏体化过程中的组织转变。

4. 何谓过冷奥氏体？过冷奥氏体会转变成哪些不平衡组织？其过程与组织怎样？

5. 将碳含量为 0.77% 的 T8 钢加热到 780℃，并保温足够时间，试问采用什么样的冷却工艺可得到如下组织(珠光体、索氏体、托氏体、上贝氏体、下贝氏体、托氏体+马氏体、马氏体+少量残余奥氏体)？

6. 贝氏体转变与珠光体转变有哪些异同点？

7. 马氏体转变与贝氏体转变有哪些异同点？

8. 珠光体、贝氏体和马氏体的组织和性能有什么区别？

9. 什么是残余奥氏体？它会引起什么问题？

10. 选择下列钢件的退火工艺，并说明其退火目的及退火后的组织。
(1)经冷轧后的 15 钢钢板，要求降低硬度。
(2)ZG310-570 铸钢齿轮。
(3)具有网状渗碳体的 T12 钢。

11. 哪些钢可以用正火代替退火？

12. 将 T12 钢分别加热到 600℃、700℃、780℃、950℃，并保温足够时间，然后淬入水中，试问它们的最终组织和硬度有什么区别？

13. 马氏体为什么要回火？回火后性能会发生什么变化？

14. 何谓第一类回火脆性？何谓第二类回火脆性？如何避免？

15. 钢的淬透性、淬透深度和淬硬性三者之间的区别何在？

16. 淬火后的 45 钢经 150℃、450℃、550℃ 回火，试问其最终组织和性能有何区别？

17. 淬火钢的三大特性指什么？各自的影响因素有哪些？

18. 简述回火工艺的分类、目的、组织与应用。

19. 试列表分析比较表面淬火、渗碳、氮化在用钢、热处理工艺及应用方面的异同。

20.某发动机轴承是用 GCr15 钢制造的，它经淬火和回火后达到所需要性能，正常操作条件下似乎满足要求，但在 0℃ 以下暴露一段时间后发动机失效了，拆卸后发现轴承尺寸明显胀大的同时，轴承中还出现不少脆性裂纹。你认为失效的原因是什么？

21.1906 年，德国工程师阿尔弗莱德·维尔姆将一种含有铜、镁和锰的铝合金加热到约 600℃ 后淬入水中，测出其强度并不比原来大多少。但几天后再测量时发现强度比原来增加了近一倍，试问这是什么原因？

22.假设你的老师要求你制备一个在课堂演示的珠光体试样，如果可利用的只有一块具有贝氏体组织的共析钢试样，请说明用它完成任务的步骤。[提示：获得珠光体、贝氏体或马氏体等试样的唯一途径是从奥氏体分解。因而必须采取以下步骤：(1)合金在 727℃ 以上均匀化以获得奥氏体。(2)直接淬到 727℃ 以下和 550℃ 以上某温度，保温直至奥氏体全部转变成珠光体。]

23.比较共析钢过冷奥氏体等温转变曲线图和连续转变曲线图的异同点。

24. 用碳含量为 0.50% 的钢制成的 5 个零件完全奥氏体化后，分别按下图中 I 、II 、III 、IV 和 V 线冷却后得到什么组织？为什么？

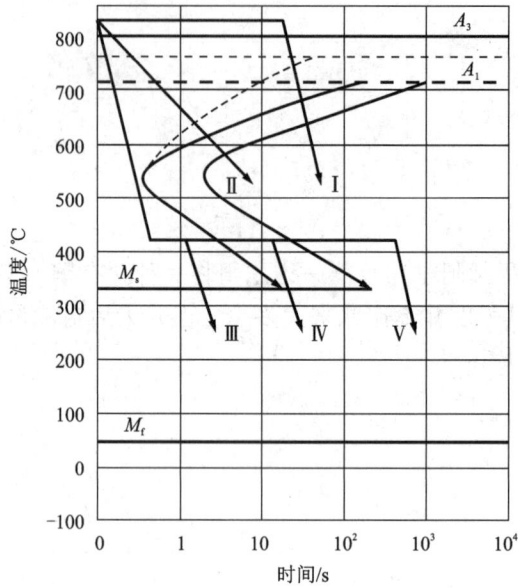

25. 为了获得索氏体组织，将钢件加热到 Ac_3（或 Ac_{cm}）以上保温一段时间取出空冷，这种热处理工艺过程应根据 C 曲线图、CCT 曲线图还是 $Fe-Fe_3C$ 相图来分析其转变产物？为什么？

四、思考题

1. 正火与退火的主要区别是什么？生产中应如何选择？

2. 指出下列零件的锻造毛坯进行正火的主要目的及正火后的显微组织。
(1)20 钢齿轮；(2)45 钢小轴；(3)T12 钢锉刀。

3. 一批 45 钢试样的尺寸为 $\phi 15$ mm×10 mm，因其组织、晶粒大小不均匀需采用退火处理。拟采用以下几种退火工艺：(1)缓慢加热至 700℃，保温足够时间，随炉冷却至室温。(2)缓慢加热至 840℃，保温足够时间，随炉冷却至室温。(3)缓慢加热至 1100℃，保温足够时间，随炉冷却至室温。请问上述三种工艺各得到何种组织？若要得到大小均匀的细小晶粒，选何种工艺最合适？

4. 简述 TTT 图与 CCT 图的含义。以共析钢为例分别说明其有何特征。

5. 如何减少淬火后的残余应力？

第五章　合金钢与铸铁

一、选择题

1. 欲提高 18-8 型铬镍不锈钢的强度，主要是通过(　　)。
A. 时效强化方法
B. 固溶强化方法
C. 冷加工硬化方法
D. 马氏体强化方法

2. 20CrMnTi 钢根据其组织和机械性能，在工业上主要作为一种(　　)使用。
A. 合金渗碳钢
B. 合金弹簧钢
C. 合金调质钢
D. 滚动轴承钢

3. 大多数合金元素均在不同程度上有细化晶粒的作用，其中细化晶粒作用为显著的有(　　)。
A. Mn、P
B. Mn、Ti
C. Ti、V
D. V、P

4. 灰铸铁的力学性能主要取决于(　　)。
A. 基体组织
B. 石墨的大小与分布
C. 热处理方法
D. 石墨化程度

5. 为提高灰铸铁的耐磨性，应进行(　　)。
A. 整体淬火处理
B. 表面淬火处理
C. 变质处理
D. 球化处理

6. 用灰铸铁铸造磨床床身时，在薄壁处出现白口组织，造成切削加工困难，解决办法是(　　)。
A. 改用球墨铸铁
B. 进行正火处理
C. 进行消除白口组织退火
D. 进行消除内应力退火

7. 下列铸铁中，可通过调质、等温淬火方法获得良好综合力学性能的是(　　)。
A. 灰铸铁
B. 球墨铸铁
C. 可锻铸铁
D. 蠕墨铸铁

8. 二次硬化属于(　　)。
A. 固溶强化
B. 细晶强化
C. 位错强化
D. 第二相强化

9. 铸铁材料中，价格便宜、应用最广泛的是(　　)。
A. 灰铸铁
B. 球墨铸铁
C. 可锻铸铁
D. 蠕墨铸铁

10. 碳的平均质量分数为 4.3% 的铁碳合金(　　)。
A. 锻造性能好
B. 综合力学性能好
C. 铸造性能好
D. 焊接性能好

二、填空题

1. 所谓合金钢是指在_____的基础上，有意识地加入一些合金元素的钢，常加入的元素有锰、硅、铬、钼、钨、钒、钛、铌、锆、稀土等。锰是弱碳化物形成元素；铬、钼、钨是中强碳化物形成元素；铌、钒、钛是强碳化物形成元素。

2. 在一般的合金化理论中，按与碳_____的大小，可将合金元素分为碳化物形成元素与非碳化物形成元素两大类。

3. 合金元素对钢工艺性能的影响主要表现在合金元素对 _____、_____、_____、_____的影响。

4. 合金钢的分类方式有很多种，按用途可分为_____、_____、_____三类。

5. 用于制造渗碳零件的钢叫作_____。

6. 高锰钢加热到 1000~1100℃，淬火后可获得_____。

7. 通常将需经_____和_____强化而使用的钢种称为调质钢。

8. 在高温下具有较好的抗氧化性并兼有高温强度的钢称为_____。

9. 灰铸铁的石墨呈_____状，球墨铸铁的石墨呈_____状，可锻铸铁的石墨呈_____状，蠕墨铸铁的石墨呈_____状。

10. 碳素工具钢的牌号，如 T8、T12，其中数字表示的含义是_____。

三、问答题

1. 合金钢中经常加入哪些合金元素？如何分类？

2. 合金元素 Mn、Cr、W、Mo、V、Ti 对过冷奥氏体的转变有哪些影响？

3. 合金元素对钢中基本相有何影响？对钢的回火转变有什么影响？

4. 为什么渗碳钢的碳含量均为低碳？合金渗碳钢中常加入哪些合金元素？它们在钢中起什么作用？

5. 为什么调质钢的碳含量均为中碳？合金调质钢中常加入哪些合金元素？它们在钢中起什么作用？

6. 弹簧钢的碳含量应如何确定？合金弹簧钢中常加入哪些合金元素？最终热处理工艺如何确定？

7. 滚动轴承钢的碳含量如何确定？钢中常加入的合金元素有哪些？其作用如何？

8. 用9SiCr制造的圆板牙要求具有高硬度、高耐磨性、一定的韧性，并且要求热处理变形小。试编写加工制造的简明工艺路线，说明各热处理工序的作用及板牙在使用状态下的组织及大致硬度。

9. 何谓热硬性(红硬性)？为什么W18Cr4V钢在回火时会出现二次硬化现象？65钢淬火后硬度为60~62 HRC，为什么不能制造车刀等要求耐磨的工具？

10. W18Cr4V 钢的淬火加热温度应如何确定(Ac_1 约为 820℃)？若按常规方法进行淬火加热能否达到性能要求？为什么？淬火后为什么进行 560℃ 的三次回火？

11. 试述用 CrWMn 钢制造精密量具(块规)所需的热处理工艺。

12. 用 Cr12MoV 钢制造冷作模具时，应如何进行热处理？

13. 与马氏体不锈钢相比，奥氏体不锈钢有何特点？为提高其耐蚀性可采取什么工艺？

14. 常用的耐热钢有哪几种？合金元素在钢中起什么作用？用途如何？

15. 试比较各类铸铁之间性能的优劣顺序。与钢相比，铸铁性能有什么优缺点？

16. 影响石墨化的主要因素有哪些？各是如何影响的？

17. 铸铁分为哪几类？其最基本的区别是什么？

18. 在铸铁的石墨化过程中，如果第一、第二阶段完全石墨化，第三阶段完全石墨化或部分石墨化或未石墨化，各获得哪种组织的铸铁？

四、思考题

1. 合金钢与碳钢相比，为什么力学性能好、热处理变形小？

2. 有人提出用高速钢制锉刀和用碳素工具钢制钻木材的 $\phi 10$ mm 的钻头，你认为合适吗？说明理由。

3.下列零件采用何种材料和最终热处理方法比较适合？请直接填表。

零件名称	锉刀	沙发弹簧	汽车变速箱齿轮	机床床身	桥梁
材料					
最终热处理					

4.说出下列钢号的含义，并举例说明每种钢号的典型用途。

Q235，20，45，T8A，GCr15，60Si2Mn，W18Cr4V，ZG310-570，HT200。

第六章　非铁金属材料

一、选择题

1. 工业纯铝在固态时具有( )结构。

A. 体心立方晶体　　　　B. 面心立方晶体　　　　C. 密排六方晶体　　　　D. 其他立方晶体

2. 工业高纯铝牌号 1A99 中 99 表示( )。

A. 99%　　　　　　　　　　　　　　　　　B. 含铝的纯度为 99%

C. 含铝的纯度为 99.99%　　　　　　　　　D. 顺序号

3. 将淬火后的铝合金在室温或低温加热下保温一段时间,随着时间的延长,其强度、硬度显著升高而塑性降低的现象,称为( )。

A. 时效强化　　　　　　B. 冷变形　　　　　　C. 变质处理　　　　　　D. 调质处理

4. 淬火后铝合金的时效作用是( )。

A. 去应力　　　　　　　B. 稳定尺寸　　　　　C. 强化　　　　　　　　D. 改善表面质量

5. 活塞及高温下工作的零件常用 Al-Si 合金铸造,其是( )成分。

A. 匀晶　　　　　　　　B. 共晶　　　　　　　C. 共析　　　　　　　　D. 包晶

6. 可热处理强化的变形铝合金,淬火后在室温放置一段时间,其力学性能会发生的变化是( )。

A. 强度和硬度显著下降,塑性提高　　　　　B. 强度和硬度显著提高,塑性下降

C. 强度、硬度和塑性都有明显提高　　　　　D. 强度、硬度和塑性都有明显下降

7. 黄铜牌号 HMn58-2 称为锰黄铜,其中 58 表示( )。

A. 含锌量为 58%　　　　　　　　　　　　　B. 含铜量为 58%

C. 含锰量为 58%　　　　　　　　　　　　　D. 杂质含量为 58%

8. 铝合金型材的成形方式为( )。

A. 注射成形　　　　　　B. 模压成形　　　　　C. 压铸成形　　　　　　D. 挤出成形

9. 冷加工后的黄铜在海水中易产生应力腐蚀开裂,应在冷加工后进行( )。

A. 去应力退火　　　　　B. 再结晶退火　　　　C. 完全退火

10. HPb59-1 是铅黄铜的代号,它表示 Cu 的质量分数为( )。

A. 59%　　　　　　　　B. 41%　　　　　　　C. 5.9%　　　　　　　　D. 4.1%

二、填空题

1. 形变铝合金牌号中,字首用＿＿＿＿＿＿＿＿表示硬铝合金。

2. 硬铝合金牌号 2A12 中的数字 12 表示＿＿＿＿＿＿。

3. 铜合金牌号中,字首 H 表示＿＿＿＿＿＿＿＿＿。

4. 形变铝合金牌号中，字首 LC 表示＿＿＿＿＿＿＿＿＿。

5. 形变铝合金牌号中，字首 LD 表示＿＿＿＿＿＿＿＿＿。

6. 铜合金牌号中，字首 Q 表示＿＿＿＿＿＿＿＿＿＿＿＿。

7. 形变铝合金牌号中，字首＿＿＿＿＿＿表示防锈铝合金。

8. 普通黄铜是铜和＿＿＿＿＿＿＿＿＿＿＿组成的二元合金。

9. 淬火加＿＿＿＿＿＿＿＿＿是铸造铝合金强化的主要途径。

10. 普通黄铜在＿＿＿＿介质中，易产生腐蚀导致的自裂现象。

三、问答题

1. 根据二元铝合金一般相图，说明铝合金是如何分类的。

2. 形变铝合金分为哪几类？各形变铝合金的主要性能特点是什么？简述铝合金强化的热处理方法。

3. 铜合金分为哪几类？举例说明黄铜的代号、化学成分、力学性能及用途。

4. 钛合金分为哪几类？各钛合金的性能特点是什么？

5. 滑动轴承合金必须具备哪些特性？常用滑动轴承合金有哪些？

6. 指出下列合金的名称、化学成分、主要特性及用途。
3A21，ZL102，ZL401，LD5，H68，HPb59-1，ZCuZn40Mn2，TA7。

7. 粉末冶金技术有何特点？

8. 硬质合金是如何分类的？硬质合金的性能特点与应用如何？

四、思考题

1. 简述固溶强化、弥散硬化、时效硬化产生的原因及它们之间的区别。

2. 指出下列合金的代号意义及主要用途。

（1）ZL102，ZL201，ZL302，ZL401；（2）3A21，2A12，LC4，LD7；（3）H70，HPb59-1，HAl67-2.5；（4）ZQSn6-6-3，QAl5，QSn4-3，QSi1-3。

3. 钨钴类硬质合金和钨钴钛类硬质合金的性能和应用有何不同？YG8、YT15 牌号中的数字各表示什么意义？

第七章　非金属材料

一、选择题

1. 高分子材料相对分子量一般为（　　）。
A. 3000～5000　　　　B. 5000 以上　　　　C. 5000 以下　　　　D. 3000 以下

2. 高分子材料在（　　）时，高分子化合物大分子链的热运动非常活跃，整条大分子链都可以移动。
A. 气态　　　　B. 黏流态　　　　C. 高弹态　　　　D. 玻璃态

3. 塑料大多是由合成树脂和添加剂组成的，其中添加剂是为了改善塑料的某些性能而加入的物质。加入添加剂中的（　　）是为了防止某些塑料在成形加工和使用过程中受光、热等外界因素影响而使分子链断裂，分子结构变化，性能变差。
A. 增塑剂　　　　B. 固化剂　　　　C. 填充剂　　　　D. 稳定剂

4. 合成橡胶的种类很多，其中（　　）是弹性高于天然橡胶的唯一一种合成橡胶，其耐磨性高于天然橡胶，但抗撕裂性及加工性能差。
A. 氯丁橡胶　　　　B. 异戊橡胶　　　　C. 顺丁橡胶　　　　D. 丁苯橡胶

5. ABS 塑料是由（　　）组成的。
A. 聚乙烯　　　　　　　　　　　　B. 共聚丙烯腈-丁二烯-苯乙烯
C. 聚氯乙烯　　　　　　　　　　　D. 乙烯-四氟乙烯共聚物

6. 内燃机的火花塞，引爆时瞬间温度可达 2500℃，其所使用的工程材料是（　　）。
A. 陶瓷材料　　　　B. 金刚石材料　　　　C. 金属材料　　　　D. 高分子材料

7. 陶瓷材料的硬度远高于金属材料，其硬度大都为（　　）。
A. 500 HV 以下　　　B. 500～800 HV　　　C. 800～1500 HV　　　D. 1500 HV 以上

8. （　　）又称为高铝瓷，其所含玻璃相和气相极小，故硬度高，强度大，抗化学腐蚀能力和节点性好，且耐高温。
A. 氮化铝陶瓷　　　　B. 氧化铝陶瓷　　　　C. 二氧化硅陶瓷　　　　D. 碳化硅陶瓷

9. 橡胶是优良的减振材料和摩阻材料，因为它具有突出的（　　）。
A. 高弹性　　　　B. 黏弹性　　　　C. 塑性　　　　D. 减摩性

10. 陶瓷材料的主要组成相是（　　）。
A. 晶相　　　　B. 玻璃相　　　　C. 气相　　　　D. 液相

二、填空题

1. 传统陶瓷的基本原料是＿＿＿＿＿、＿＿＿＿＿和＿＿＿＿＿。

2. 由单体聚合成高分子化合物的基本方法有两种：＿＿＿＿＿＿＿和＿＿＿＿＿＿。

3.加聚反应：_____借助于引发剂或高温等条件，打开_____而彼此连接在一起形成大分子链。

4.缩聚反应：由一种或多种_____相互混合而连接成_____，同时析出某种低分物质(如水、氨、卤化氢等)的反应。

5.高分子材料按聚合物主链的化学组成可以分为_____、_____、_____和_____。

6.高分子材料的结构主要取决于其化学成分，组成高分子材料大分子链的化学元素主要有_____、_____和_____，以及氮、氯、氟、硼、硅、硫等。

7.常用的高分子材料主要包括_____、_____、_____、_____及涂料等。

8.陶瓷材料的化学键主要是_____和_____，有很强的方向性和很高的结合能，大多为绝缘体。

9.由天然原料配制、成形和烧结而成的黏土类陶瓷称为_____。

10.复合材料按基体类型可以分为_____、_____和_____。

三、问答题

1.高分子材料有哪些特性？

2.塑料通常由哪些组成物构成？其性能特点如何？

3.工程塑料在结构、性能及应用上与金属有何区别？

4.塑料、橡胶在使用时各处于什么状态？

5. 什么是橡胶制品？橡胶制品有哪些特性？在使用和保养时应注意哪些问题？

6. 陶瓷材料的各组成物对其性能有何影响？

7. 试述陶瓷材料的性能特点。

8. 什么是复合材料？复合材料在结构和性能上具有哪些特点？

9. 何谓大分子链结构？按其几何形状不同可分为哪几类？其性能特点如何？

10. 高分子化合物与低分子化合物有何区别？其相对分子质量如何计算？

四、思考题

1. 高分子材料与金属材料相比，其性能有何特点？

2. 热塑性塑料与热固性塑料的区别是什么？常见的热塑性塑料有哪些品种？热固性塑料有哪些品种？

3. 通用塑料与工程塑料有何区别？

4. 聚甲醛和 ABS 塑料是较常见的工程塑料，各具有哪些性能特点？

5. 橡胶与塑料同是高分子材料，为什么橡胶具有高弹性？常见的合成橡胶有哪些品种？

6. 工业用特种陶瓷有哪些主要品种？目前陶瓷材料在工程上主要用于哪些领域？

7. 金属–塑料多层复合材料的结构有何特点？每层材料各起什么作用？用这种材料制造的轴承有哪些优点？

第八章 机械零件的失效分析及材料选择

一、选择题

1. 零件在交变接触应力的作用下，表层发生疲劳而脱落等现象，属于( )。

A. 断裂失效   B. 疲劳失效   C. 过量变形失效   D. 表面损伤失效

2. 对轴的材料进行选取时，对于承受中等载荷、转速不高的轴采用( )。

A. 45 钢   B. Q235 钢   C. 20Cr   D. QT600-03

3. 齿轮零件的失效形式中，齿轮因强度不够、齿面硬度低，在低速、重载和启动、过载频繁的齿轮中容易产生( )。

A. 齿面磨损   B. 齿面塑性变形   C. 点蚀   D. 断齿

4. 机械零部件约 80% 以上的断裂失效是由( )。

A. 疲劳引起   B. 磨损引起   C. 超载引起   D. 蠕变引起

5. 下列材料中，最适合制造汽车火花塞绝缘体的是( )。

A. Al_2O_3 B. 聚苯乙烯   C. 聚丙烯   D. 顺丁橡胶

6. 刃具的失效形式中，因刃具自身脆性较大、不耐磨或因受到较大冲击力作用产生破坏，属于( )。

A. 磨损   B. 刃部软化   C. 断裂、破碎   D. 崩刃

7. 裂纹侧面图像为带分叉的树枝，此类裂纹应是( )。

A. 疲劳裂纹   B. 淬火裂纹   C. 应力腐蚀裂纹   D. 焊接裂纹

8. 在滑动摩擦条件下，力学性能相差不大的两种金属间发生的最常见的磨损形式是( )。

A. 磨粒磨损   B. 腐蚀磨损   C. 黏着磨损   D. 麻点磨损

9. 缺口敏感性低、能承受较高的拉压交变应力、用于制造汽车连杆的铸铁材料是( )。

A. 球墨铸铁   B. 合金铸铁   C. 可锻铸铁   D. 灰口铸铁

10. 机械零部件约 80% 以上的断裂失效是由( )。

A. 磨损引起   B. 疲劳引起   C. 超载引起   D. 蠕变引起

二、填空题

1. 零件丧失其_____称为失效。

2. 零件在达到或超过设计的预期寿命后发生的失效，属于_____；在低于设计预期寿命时发生的失效，属于_____。

3. 零件常见的失效形式一般可以分为_____、_____和_____

三大类。

4. 零件失效的原因主要有 _____、_____、_____

及_____。

5. 齿轮是各类机械设备中应用最广的传动零件，常用于 _____、

_____和_____，也有的齿轮仅起分度定位作用。

6. 齿轮类零件的失效形式主要有 _____、_____、_____

和_____。

7. 为满足齿轮的性能要求，常采用_____或_____来实现齿轮"表硬

里韧"的特殊要求。

8. 刃 具 的 失 效 形 式 主 要 有 _____、_____、_____、

_____、_____。

9. 模具的失效形式主要有_____、_____、_____、

_____等。

10. 根据用途不同，模具通常分为_____、_____、_____

及_____。

三、问答题

1. 零件在选材时应考虑哪些原则？应注意哪些问题？

2. 为什么轴类、齿轮类零件多用锻件毛坯，而箱体类零件多采用铸件？

3.在满足零件使用性能和工艺性能的前提下,材料价格越低越好。这句话是否正确?为什么?

4.表面损伤失效是在什么条件下发生的?通常以哪几种形式出现?

5.选择下列零部件的材料,制订加工工艺路线,并作简要说明。
(1)磨床主轴;(2)高速铣刀;(3)发动机曲轴;(4)汽车板簧;(5)滚动轴承。

四、思考题

1.零件失效即失去其原有功能包括哪几种情况？

2.在进行断裂分析时，寻找裂纹源的方法有哪些？

3.根据失效的诱发因素，失效可分为哪些类型？

4.请为下列零件选择最合适的材料，并写在相应零件名称后面。

60Si2Mn；GCr15；30Cr13；T10；Cr12MoV；ZG100Mn13；9SiCr；W18Cr4V；20CrMnTi；HT200；42CrMo。

第三部分

习题答案

参考答案

第一章

一、选择题

1~5　BBCAA

6~10　BBCAC

二、填空题

1.4　0.74　12

2.2　0.68　8

3.6　0.74　12

4.方位不同　外形不规则

5.晶界　亚晶界

6.刃型位错　螺型位错

7.有规律错排的现象

8.交界面

9.面心立方结构　体心立方结构

10.固溶体　金属化合物

11.固溶体

12.晶核的形成　晶核的长大

13.过冷度

14.均匀形核　非均匀形核

15.平面状态生长　树枝状态生长

三、问答题

1.答：

晶体缺陷主要分为点缺陷、线缺陷、面缺陷三种类型。

金属中无晶体缺陷时，通过理论计算具有极高的强度；随着晶体中缺陷的增加，金属的强度迅速下降；当缺陷增加到一定值后，金属的强度又随晶体缺陷的增加而增加。点缺陷、线缺陷还是面缺陷都会造成晶格畸变，从而使晶体强度增加。例如，加入合金元素形成固溶体可以产生固溶强化，这是因为增加了点缺陷。金属经塑性变形产生加工硬化，主要原因是晶体内部存在位错源，变形时发生了位错增殖，变形量增加，位错密度增加，位错之间的交互作用使变形抗力增加。此外，常温下，金属细化晶粒，增加了晶粒数目，晶界相应增多，产生了细晶强化效果。晶体缺陷的存在会增加金属的电阻率，降低金属的抗腐蚀性能等。

2. 答：

$\{120\}$ 晶面族包含（120）、（102）、（012）、（021）、（201）、（210）……

3. 答：

晶体中原子（离子或分子）规则排列的方式称为晶体结构。

常见的金属晶体结构有体心立方晶格、面心立方晶格、密排六方晶格。

体心立方晶格：晶胞的 3 条棱边长度相等，3 个轴间的夹角均为 90°，构成立方体，除了在晶胞的 8 个角上各有 1 个原子外，在立方体的中心还有 1 个原子。

面心立方晶格：晶胞的 3 条棱边长度相等，3 个轴间的夹角均为 90°，构成立方体，除了在晶胞的 8 个角上各有 1 个原子外，在立方体的 6 个面的中心各有 1 个原子。

密排六方晶格：在晶胞的 12 个角上各有 1 个原子，构成六方柱体，上底面和下底面的中心各有 1 个原子，晶胞内还有 3 个原子。

α-Fe、Cr、V 属于体心立方晶格；γ-Fe、Cu、Ni、Pb、Al 属于面心立方晶格；Mg、Zn 属于密排六方晶格。

4. 答：

工业纯铁从 γ-Fe 转变成 α-Fe 时，铁的体积会膨胀约 1%。

工业纯铁从 γ-Fe 转变成 α-Fe 时，其晶格类型从面心立方晶格转变为体心立方晶格，这两种晶格排列紧密程度不同，导致金属的体积发生变化，转变时产生较大的内应力。

5. 答：

多晶体不存在各向异性，因为多晶体内部是由许许多多个晶粒组成的，每个晶粒在空间分布的位向不同，正是因晶粒在空间方位上排列无规则，导致多晶体在宏观上表现为沿各个方向上的性能趋于相同，晶体的各向异性就显示不出来了。

6. 答：

无论液体还是晶体，其自由能均随温度升高而降低，并且液体自由能下降的速度更快。两条自由能曲线的交点温度，即为理论结晶温度。在该温度下，由液体转变成晶体的速度和由晶体转变成液体的速度是相等的，即液态金属与其晶体处于热力学平衡状态，既不结晶又不熔化。按照热力学定律，在等压条件下，一切自发过程都朝着系统自由能降低的方向进行，当温度降到 T_0 以下某一温度 T_n 时，晶体的自由能低于液体的自由能，故结晶能有效进行。

7. 答：

实际生产中，液态金属中混有某些未熔的杂质或者生成的晶核表面比较粗糙，晶核在向液体中温度较低的方向生长时，晶核上那些尖凸的形状过冷度最大，生长速度最快，这样，晶体的生长就如同树枝的生长一样，先生长出主干再形成分支，在长大的同时又有新晶核形成、长大，当相邻晶体彼此接触时，被迫停止生长，而只能向尚未凝固的液体部分伸展，直到全部结晶完毕，成为树枝状的晶体。

8. 答：

在一定过冷度 ΔT 范围内，形核率 N 和长大速率 G 随 ΔT 的增加而增加。达到某一过冷

度 ΔT 时，N 和 G 达到最大值，而后随 ΔT 的增加，N 和 G 都减少。产生这种现象的原因是在结晶过程中，晶核形成和长大的驱动力与过冷度 ΔT 成正比，而晶核形成后长大所需要的必要条件——原子的迁移和扩散能力，却与 ΔT 成反比，即随过冷度 ΔT 的增加，原子的活动能力逐渐减弱，并逐渐成为影响形核和长大的主导因素。这两种因素综合作用的结果，使形核率 N 和长大速率 G 与过冷度 ΔT 的关系出现一个极大值。

9. 答：

在常温下，金属的晶粒度越细小，强度和硬度则越高，同时塑性和韧性也越好。因此，细化晶粒是提高金属材料力学性能的重要途径之一。

细化晶粒的方法：增大过冷度、变质处理、振动和搅拌。

10. 答：

结晶的基本条件是液态金属要有一定的过冷度。

基本规律：结晶过程都是由晶核形成和晶核长大两个基本过程组成的。

11. 答：

纯铁在1538℃时进行结晶，得到具有体心立方晶格的 δ-Fe；继续冷却到1394℃时，发生同素异构转变，成为面心晶格的 γ-Fe；再冷却到912℃时，又发生一次同素异构转变，成为体心立方晶格的 α-Fe。纯铁的同素异构转变，是钢铁能够进行热处理的内因和依据，也是钢铁材料性能多种多样、用途广泛的主要原因之一。

四、思考题

1. 答：

均匀形核是纯净的过冷液态金属依靠自身原子的规则排列形成晶核的过程。

非均匀形核是液态金属原子依附于模壁或液相中未熔固相质点表面优先形成晶核的过程。

异同点：都需要过冷及通过能量起伏和结构起伏使近程有序的原子团达到某一临界尺寸后才能形成晶核。但非均匀形核所需要的能量起伏小。因非均匀形核是依附在现有固体表面（称为形核基底或衬底）形核，新增的液固界面积小，界面能低，结晶阻力小。所以非均匀形核所需的过冷度小，当 $\Delta T = 0.02T_0$ 时，就能有效形核。因此，非均匀形核比均匀形核更容易进行。

2. 答：

$Fe_{(a)}C$ 为间隙固溶体，晶格类型与溶剂同，溶质碳原子溶于晶格间隙中。

Fe-2%Si 为置换固溶体，晶格类型与溶剂同，溶质硅原子处于晶格结点上。

CuZn 为电子化合物，属于复杂晶型。

Fe_3C 为间隙化合物，属于复杂晶型。

TiC 为间隙相，面心立方结构。

3. 答：

α-Fe 为体心立方晶体，而体心立方有八面体间隙和四面体间隙两种类型，其中四面体间隙相对较大；γ-Fe 为面心立方晶体，其也有八面体间隙和四面体间隙两种类型，其中八面体间隙较大。但面心立方的八面体间隙比体心立方的四面体间隙要大很多，因此溶解碳原子的能力也大很多。

4. 答：

过冷是指金属结晶时实际结晶温度比理论结晶温度低的现象。

过冷度是指理论结晶温度与实际结晶温度的差值。

动态过冷度是指晶核长大时的过冷度。

金属形核和长大都需要过冷，过冷度增大通常使形核半径减小、形核功减少、形核过程更容易、形核率增加、晶粒细化。

5. 答：

间隙固溶体是溶质原子分布于溶剂晶格间隙而形成的固溶体。形成间隙固溶体的溶质原子通常是原子半径小于 0.1 nm 的非金属元素，间隙固溶体保持母相溶剂的晶体结构，不能用分子式表示。间隙相和间隙化合物属于原子尺寸因素占主导地位的中间相，它们也是原子半径较小的非金属元素占据晶格间隙，然而间隙相、间隙化合物的晶格与组成它们的任一组元晶格都不相同，它们的成分可在一定范围内波动，组元具有一定的原子比组成，可以用化学式表示。

6. 答：

工程材料按结合键的特点分为金属材料、陶瓷材料、高分子材料和复合材料。

金属材料：金属材料是以金属键结合为主的材料，具有良好的导电性、导热性、延展性和金属光泽，分为黑色金属和有色金属两类。铁及铁基合金称为黑色金属，即钢铁材料；黑色金属之外的所有金属及其合金称为有色金属。金属材料是目前用量最大、应用最广泛的工程材料。

陶瓷材料：是以共价键和离子键结合为主的材料，其最大优点是有高的熔点、高的硬度、高的耐腐蚀性和高的抗氧化性，其最大缺点是塑性极低、太脆，所以很少在常温下作为受力的结构材料，但作为耐温材料，陶瓷潜力很大。

高分子材料：是以分子键和共价键结合为主的材料，具有良好的塑性、耐蚀性、电绝缘性、减振性及密度小等优良性能。

复合材料：是把两种或两种以上不同性质或不同结构的材料以微观或宏观的形式组合在一起而形成的材料，通过组合可进一步提高材料的性能。复合材料分为金属基复合材料、陶瓷基复合材料和聚合物基复合材料。

陶瓷材料、高分子材料和复合材料等在某些方面具有独特的性能，在这些方面的应用是金属材料不可代替的，作为一种新型工程材料，有着广阔的发展前景。

7. 答：

金属铸锭凝固时，由于表面和中心的结晶条件不同，其结构是不均匀的，整个体积中明显地分为三种晶粒状态区域：表层细等轴晶区、柱状晶区和心部等轴晶区。

(1)液态金属注入锭模时，由于锭模温度不高，传热快，外层金属受到激冷，过冷度大，生成大量的晶核，在金属的表层形成一层厚度不大、晶粒很细的细晶区。

(2)细晶区形成的同时，锭模温度升高，液体金属的冷却速度降低，过冷度减小，导致形核速率大大降低，已很难在细晶区前沿的金属液体中形核，结晶只能通过已有晶体的继续生长来进行。由于散热方向垂直于模壁，因此晶体沿着与散热相反的方向择优生长而形成柱状晶区。

(3)随着柱状晶区的发展，锭模温度升高，铸件截面的温度差越来越小，过冷度大大减小，散热逐渐失去方向性，趋于均匀冷却的状态，导致柱状晶长大停止。当心部液体全部冷至实际结晶温度以下时，剩余液体中被推来的杂质及从柱状晶上被冲下来的晶枝碎块可能成为晶核，向各个方向均匀长大，最后形成粗大的等轴晶区。

在三类晶区中，心部等轴晶区的晶粒粗大，其性能比表层细等轴晶区差。柱状晶区方向性不能太过明显，因对铸锭进行锻造或轧制时，柱状晶处易开裂。生产上常采用降低浇注温度、降低模具的散热条件、振动或变质处理等方法来减少柱状晶区。

第二章

一、选择题

1~5　CBCAB

6~10　CAACC

二、填空题

1. 变形　断裂

2. 冲击韧度　疲劳强度　断裂韧度　多冲抗力

3. 外力　原始横截面积

4. 材料原始标距的增量　原始标距

5. 弹性阶段　屈服阶段　强化阶段　颈缩阶段

6. R_p

7. R_{eH}　R_{eL}

8. 明显而均匀的塑性变形

9. 抗拉强度　不均匀塑性变形　减小　降低

10. 弹性　强度　塑性

11. 拉断　最大

12. 不可逆　伸长率　断面收缩率

13. 残余伸长　原始标距

14. 适应能力

15. 铸造性能　锻造性能　焊接性能　切削加工性能　热处理性能

三、问答题

1. 答：

滑移面和滑移方向通常是晶体中的密排面和密排方向。

2. 答：

不同晶格类型的金属，其滑移系数目不同，体心立方晶格的滑移系数目＝滑移面（6）×滑移方向（2）＝12，面心立方晶格的滑移系数目＝滑移面（4）×滑移方向（3）＝12，两者都是 12 个，而密排六方晶格只有 1×3＝3，即 3 个滑移系。滑移系越多，金属发生滑移的可能性越大，塑性越好。但其中滑移方向对滑移所起作用比滑移面大，因而面心立方晶格金属的塑性好于体心立方晶格金属，体心立方晶格金属的塑性好于密排六方晶格金属。

3. 答：

滑移是晶体的一部分沿一定的晶面和晶向相对于另一部分发生相对滑动位移。滑移变形实质上是晶体内部的位错在切应力作用下运动的结果。滑移并非是晶体两部分沿滑移面作整体刚性的相对滑移，而是通过位错运动来实现的。当晶体通过位错运动产生滑移时，只有在位错中心的少数原子发生移动，而且它们移动的距离远小于一个原子间距，因而所需的临界切应力小，在切应力作用下，一个多余半原子面从晶体一侧逐步运动到另一侧，只需较小的应力，晶体就能产生滑移变形。当位错达到晶体边缘时，晶体上半部相对下半部滑移了一个原子间距。同一滑移面上，若有大量位错移出，则在晶体表面形成一条滑移线。

4. 答：

滑移变形特点如下：

(1)滑移变形只能在切应力作用下才会发生。

(2)滑移常沿原子密度最大的晶面和晶向发生。

(3)滑移时，晶体两部分的相对位移量是原子间距的整数倍，结果在晶体表面形成台阶。

(4)滑移的同时伴随着晶体的转动。

(5)滑移是通过滑移面上的位错运动来实现的。

孪生变形特点如下：

(1)孪生通过晶格切变使晶格位向改变，使变形部分和未变形部分呈镜面对称。

(2)孪生产生的形变量很小。

(3)孪生萌发于局部应力集中的地方，且孪生变形较滑移变形一次移动的原子较多，所需的临界切应力比滑移大得多。

(4)孪生变形速度极快，接近于声速。

5. 答：

多晶体塑性变形特点如下：

(1)各晶粒变形的不同时性。

(2)各晶粒变形的相互协调性。

(3)晶界阻碍位错运动。

6. 答：

冷变形强化即加工硬化，随着塑性变形量增加，金属的强度、硬度升高，塑性、韧性下降。

冷变形强化有一定的实用价值，如生产中通过冷轧、冷拔等冷加工工艺来提高钢板或钢丝的强度，可用一种便宜的、经过变形的金属来代替未变形的、强度高但价格更贵的金属；对不能热处理强化的材料，可通过冷变形提高其强度和硬度。

7. 答：

组织变化：①晶粒变形呈纤维状；②形成亚结构；③产生形变织构。

性能变化：①产生加工硬化；②力学性能各向异性；③物理、化学性能发生改变；④产生残余应力。

8. 答：

晶粒越细，晶界总面积越大，位错障碍越多，需要协调的具有不同位向的晶粒越多，金属塑性变形的抗力越大，导致金属强度和硬度越高。晶粒越细，单位体积内晶粒数目越多，变形量由更多晶粒分散承担，变形越均匀，推迟了裂纹的形成和扩展，断裂前会发生较大的塑性变形。在强度和塑性同时增加的情况下，金属在断裂前消耗的功增大，因而其韧性也较好。

9. 答：

回复是指冷变形金属在较低温度加热时，在光学显微组织发生改变前（即再结晶晶粒形成前）所产生的某些亚结构和性能的变化过程。

再结晶是指冷变形组织在加热时重新彻底改组的过程。

晶粒长大是指再结晶阶段结束后，金属获得了均匀细小的等轴晶粒。这些细小的晶粒具有潜伏长大的趋势。如果再继续升高温度或者延长保温时间，金属的晶粒将会以相互吞并的方式继续长大。

10. 答：

低于再结晶温度的加工为冷加工，高于再结晶温度的加工为热加工。

根据 $T_{再} = 0.4 T_{熔}$（T 为绝对温度），经计算可知：钨板在 1100℃加工变形为冷加工，铅板在室温加工变形为热加工。

组织和性能变化及缺陷：不同于冷加工，热加工时产生的加工硬化很快被再结晶产生的软化所抵消，因而热加工不会带来加工硬化效果。但因有回复和再结晶过程产生，金属的组织和性能也会发生显著变化，主要表现在：消除铸锭组织缺陷，细化晶粒；同时会产生热变形纤维组织，形成锻造流线，使金属材料在不同的方向性能有明显的差异。另一种情况为，当钢在铸态下存在严重的夹杂物偏析，或热变形加工的温度过低时，会在钢中出现沿变形方向呈带状或层状分布的显微组织，使金属性能变坏，特别是横向的塑性、韧性降低，一般通过热处理来加以改善。

11. 答：

该工程师忽略了用延伸率一个指标来衡量塑性不全面，用断面收缩率比延伸率更合理。应测量材料的断面收缩率，断面收缩率比延伸率更接近材料的真实应变，因为断面收缩率不受试样尺寸的影响，能比较确切地反映材料的塑性。

12. 答：

强化是因为加工硬化效果，喷丸使齿轮表面产生压应力，使强度、硬度提高。

13. 答：

细晶强化：细化晶粒，增加晶界以提高强度、塑性、韧性。

固溶强化：通过形成固溶体，使强度、硬度提高。

弥散强化：第二相以细小形态弥散分布于基体中，使合金显著强化。

变形强化或位错强化：增加位错密度来提高金属强度。

四、思考题

1. 答：

为了保持较高的强度，应进行低温退火，使其只发生回复，去除残余应力。

要继续冷变形则应进行高温退火，使其发生再结晶，以软化组织。

2. 答：

晶界结构特征：原子排列比较混乱，含有大量缺陷。

晶界能量特征：原子的能量较晶粒内部高，活动能量强。

晶界特点：

(1)阻碍位错运动，可细晶强化；

(2)位错、空位等缺陷多，所以晶界扩散速度快；

(3)晶界能量高、结构复杂，容易满足固态相变的条件，是固态相变首先发生地；

(4)化学稳定性差，所以晶界容易受腐蚀；

(5)微量元素、杂质富集。

3. 答：

对合金组织结构：

(1)形成纤维组织，晶粒沿变形方向被拉长；

(2)形成位错；

(3)晶粒转动形成变形织构。

对力学性能：位错密度增大，位错相互缠绕，运动阻力增大，造成加工硬化。

对物理化学性能：其变化复杂，主要对导电、导热、化学活性、化学电位等有影响。

对体系能量：

(1)因冷变形产生大量缺陷引起点阵畸变，使畸变能增大；

(2)因晶粒间变形不均匀和工件各部分变形不均匀引起的微观内应力和宏观内应力，统称为存储能，其中前者影响大。

冷变形后引起的组织性能变化为合金随后的回复、再结晶做了组织和能量上的准备。

4. 答：

根据 $T_{再} = 0.4T_{熔}$ 可知，Fe 在室温下加工为冷加工，Sn 在室温下加工为热加工。因此，随着弯曲的进行，铁板发生加工硬化，继续变形，导致铁板断裂。Sn 板属于热加工，产生动态再结晶，弯曲可继续进行下去。

5. 答：

冷轧时采用凸辊：轧辊中部产生弹性弯曲与压扁较大。

热轧时采用凹辊：轧辊中部温度升高使其膨胀，可保证变形均匀。

6. 答：

内部因素：化学成分、组织结构。外部因素：变形温度、变形速度、变形程度、应力状态、应变状态、尺寸因素、周围介质。

7. 答：

相同：使材料产生各向异性(沿纤维方向上强度高)。

不同：冷变形时基本晶粒沿最大主变形方向拉长；消除措施为完全再结晶退火。

热变形：夹杂物、第二相拉长(基体是再结晶等轴晶粒)；消除措施为净化，铸锭中尽量减少杂质；高温长时间退火，使夹杂物扩散，不断变换加工方向。

8. 解：

真实应力 $\sigma_T = \dfrac{P}{F_t}$，条件应力 $\sigma = \dfrac{P}{F_0}$。

由体积不变条件 $F_t \cdot l_t = F_0 \cdot l_0$ 及应变 $\varepsilon = \dfrac{\Delta l}{l_0} = \dfrac{l_t - l_0}{l_0} = \dfrac{l_t}{l_0} - 1$,

可得 $\sigma_T = \sigma(1 + \varepsilon)$, 所以此材料的 $\sigma = \dfrac{A\varepsilon^n}{(1 + \varepsilon)}$。

材料出现细颈时 $\dfrac{d\sigma}{d\varepsilon} = 0$, 代入 $\dfrac{\varepsilon^{n-1}(1 + \varepsilon) - A\varepsilon^n}{(1 + \varepsilon)^2} = 0$,

可得 $\varepsilon = \dfrac{n}{1 - n}$。

第三章

一、选择题

1~5　ABCCC

6~10　DCACB

二、填空题

1. 组元

2. 杠杆定律

3. 自由度　组元数　平衡相数

4. 两种不相同固相

5. 一定成分的固相　一定成分的液相　一定成分

6. 完全互溶　共晶反应

7. 无限互溶　有限溶解

8. 共析反应

三、问答题

1. 答:

二元合金相图表述了各种成分不同的合金系在不同温度下存在哪些相、各个相的成分及其相对含量, 并表述了合金的使用性能和合金的工艺性能与相图的关系。

实际意义: 研究合金中各组织形成和变化规律的有效工具, 也是生产实践中正确制订冶炼、铸造、锻压、焊接、热处理工艺的重要依据; 掌握相图的分析和使用方法, 对了解合金的化学成分、组织与性能之间的关系, 提高和改善合金的性能, 研究和开发新的合金材料, 具有重要的指导意义。

2. 答:

(1)高于300℃时, 此时全部为液相。

(2)冷却到183℃时, 共晶转变尚未开始, 此时为液相 L 和固相 α 固溶体, 此时 $\omega(\alpha) = \dfrac{61.9\% - 28\%}{61.9\% - 19.2\%} = 79.39\%$, 其余 20.61% 为液相。

(3) 在 183℃ 共晶转变完毕时，此时 α、β 两相的相对质量百分比为 $\omega(\alpha) = \dfrac{97.5\%-28\%}{97.5\%-19.2\%} = 88.76\%$，$\omega(\beta) = \dfrac{28\%-19.2\%}{97.5\%-19.2\%} = 11.24\%$。

(4) 冷却到室温时，将从一次 α 和共晶 α 中析出 β_{II}，从共晶 β 中析出 α_{II}。共晶组织中的二次相不作为独立组织看待。28%Sn 的 Pb-Sn 合金的室温组织为 $\alpha+(\alpha+\beta)+\beta_{\mathrm{II}}$。

3. 答：

纯金属的结晶过程是一个形核及核长大的过程，需要一定的热力学条件，结晶只在理论结晶温度以下才能发生，形成的组织是单一的固相。有些金属在固态下其晶格类型会随温度变化而发生变化，如铁、锰、钴、钛等。

固溶体是合金相之一，当在固态下两组元无限互溶，则发生匀晶反应；当在固态下两组元有限互溶，则发生共晶反应或包晶反应，形成的组织不再是单一固相。

共晶体随着温度的降低，会从共晶 α 中析出 β_{II}，从共晶 β 析出 α_{II}，由于共晶组织细，α_{II} 与共晶 α 结合，β_{II} 与共晶 β 结合，使得二次相不易分辨，最终的室温组织仍为 $\alpha+\beta$ 共晶体。

4. 答：

(1) A-B 合金共晶相图 (略)。

(2) 铸造性能最好的合金，应选用共晶成分或接近共晶成分的合金，所以应选用含 40% 的 B 的合金。

(3) 适用于压力加工的合金应选用单相固溶体成分的合金，所以应选用 A 溶于 B 的溶解度为 10% 的合金。

5. 答：

铁碳合金共晶转变：$L_{43} \xrightleftharpoons{1145℃} A_{2.11} + Fe_3C_{6.69}$。

铁碳合金共析转变：$A_{0.77} \xrightleftharpoons{727℃} F_{0.0218} + Fe_3C_{6.69}$。

6. 答：

铸造合金常选用靠近共晶成分的合金是因为共晶成分附近的合金结晶温度低，流动性好，铸造性能好。越远离共晶成分，液、固相线的间距越大，凝固过程中越容易形成枝晶，阻碍液体充满型腔，使铸造性能恶化，容易形成分散缩孔和偏析。

压力加工合金选用单相固溶体成分的合金具有较好的塑性，适合压力加工。

7. 答：

钢号	温度/℃	显微组织	温度/℃	显微组织
45	770	铁素体+奥氏体	900	奥氏体
T8	680	珠光体+渗碳体	770	奥氏体+渗碳体
T12	700	珠光体+渗碳体	770	奥氏体+渗碳体

8. 答：

根据"组织为珠光体和铁素体"，确定该钢为亚共析钢。

根据杠杆定律计算，室温下铁素体中碳的含量极低，忽略不计。

$W_P = 1 - 80\% = 20\%$

$w(C) = 0.77\% \times S_P = 0.154\%$

综上，该钢为亚共析钢，含碳量为 0.154%。钢号为 15。

9. 答：

根据杠杆定律计算：

第一种合金，设碳的质量分数为 x，$\dfrac{x-0}{0.77\%-0} \times 100\% = 75\%$，求解得到 $x = 0.58\%$，为亚共析钢。

第二种合金，设碳的质量分数为 x，$\dfrac{x-0.77\%}{6.69\%-0.77\%} \times 100\% = 8\%$，求解得 $x = 1.24\%$，为过共析钢。

10. 答：

(1)变成完全奥氏体组织，塑性好，易轧制和锻造成型。

(2)低碳钢塑性好易变形，产生加工硬化延长铆钉使用寿命。

(3)含碳量不同则铁碳合金的性能各异。含碳量低于 0.9% 后随着含碳量的降低，钢的强度、硬度升高，塑性、韧性下降。因前者要求塑性好、易变形，故选用低碳钢丝；后者要求强度高，故选用含碳量为 0.6%~0.7% 钢丝。

(4)因碳钢在 1100℃ 时变成完全奥氏体组织，易锻造成型。而铸铁在 1100℃ 时组织为奥氏体和渗碳体组成的机械混合物，渗碳体硬且脆，故铸铁不能进行锻造只能铸造。

(5)因含碳量为 0.9% 在室温下组织中脆性大的二次渗碳体 (Fe_3C_{II}) 比含碳量为 1.2% 少，故强度高。

(6)可能与钢中含 S 有关。S 能与铁形成低熔点 (1190℃) 的 FeS。FeS 与 Fe 形成低熔点共晶体，熔点仅为 985℃，且分布在奥氏体的晶界上，在热轧 (950~1100℃) 时发生共晶熔化，导致开裂。

(7)T8 钢、T10 钢是碳素工具钢，有硬且脆的二次渗碳体存在，故难锯。而 10 钢、20 钢属低碳钢，硬度低，塑性好，故易锯。

11. 答：

(1)错；(2)错；(3)对；(4)错。

12. 答：

(1)Q235-A 是低碳钢，强度低，不能受太大的力，做齿轮会导致齿轮变形等。

(2)30 钢强度、硬度远低于 T13，锉刀不耐用或用即损坏。

(3)弹簧是利用弹性变形来贮存能量或缓冲振动和冲击的零件，应具有高的弹性极限和高的屈强比，还要有高的疲劳强度、足够的塑性和韧性，20 号钢不能满足此要求，若制成弹簧会一用即坏。

13. 答：

依次选择 08F，20，45，65Mn，T12。

四、思考题

1. 答:

相是指合金中结构相同,成分和性能均一,并以界面相互隔开的组成部分,在一个相中没有成分、结构和性质的突变。共晶体是由两个或两个以上相组成。由两个或两个以上相的均匀的机械混合物所形成的合金组成物,其相与相之间有成分和性质的突变,所以不能称为相,而称为一种组织。

2. 答:

在含碳量为0.3%碳钢组织中:

$$Q_F = \frac{0.77 - 0.3}{0.77 - 0.0218} \times 100\% = 62.8\%$$

$$Q_P = \frac{0.3 - 0.0218}{0.77 - 0.0218} \times 100\% = 37.2\%$$

3. 答:

该过共析钢的含碳量:

$$w(C) = (6.69\% - 0.77\%) \times 3\% + 0.77\% = 0.9476\% \approx 1\%$$

4. 答:

3.5%C 亚共晶白口铁在室温下组织中:

$$Q_{Ld'} = \frac{3.5 - 2.11}{4.3 - 2.11} \times 100\% = 63.5\%$$

$$Q_{Fe_3C_{II}} = \frac{4.3 - 3.5}{4.3 - 2.11} \times \frac{2.11 - 0.77}{6.69 - 0.77} \times 100\% = 8.3\%$$

其余为 P, $Q_P = 1 - 63.5\% - 8.3\% = 28.2\%$。

3.5%亚共晶白口铁在室温下相组成物中(忽略铁素体中的含碳量):

$$Q_{Fe_3C} = \frac{3.5}{6.69} \times 100\% = 52.3\%$$

$$Q_F = \frac{6.69 - 3.5}{6.69} \times 100\% = 47.7\%$$

5. 答:

含碳量为0.0218%~2.11%,且含有少量锰、硅、硫、磷等杂质元素的铁碳合金称为碳素钢,简称碳钢。

含碳量大于2.11%的铁合金称为铸铁。按 Fe-Fe$_3$C 系结晶的铸铁,C 以 Fe 形式存在,断口呈白亮色,称为白口铸铁。

按室温平衡组织特征及含碳量,碳素钢可分为三类:

(1)含碳量为0.77%的铁碳合金为共析钢,室温下平衡组织为珠光体。

(2)含碳量为0.0218%~0.77%的铁碳合金为亚共析钢,室温下平衡组织为渗碳体和珠光体。

(3)含碳量0.77%~2.11%的铁碳合金为过共析钢,室温下平衡组织为珠光体和渗碳体。

白口铸铁可分为三类:

（1）含碳量为2.11%~4.3%的铁碳合金为亚共晶白口铁，室温下平衡组织为珠光体、二次渗碳体和变态莱氏体。

（2）含碳量为4.3%的铁碳合金为共晶白口铁，室温下平衡组织为变态莱氏体。

（3）含碳量为4.3%~6.69%的铁碳合金为过共晶白口铁，室温下平衡组织为渗碳体和变态莱氏体。

第四章

一、选择题

1~5　BADAC

6~10　CBDCC

二、填空题

1. 消除内应力

2. 消除应力、细化晶粒、调整硬度

3. 最高硬度值

4. 加热　保温　冷却

5. 冷却

6. 退火　正火　淬火　回火

7. 奥氏体化

8. 回火稳定性

9. 碳含量

10. 回火

三、问答题

1. 答：

通过改变钢的组织结构，从而获得所需要的性能。

2. 答：

首先，在机械设计中，材料的选择是否合理，直接影响其使用性能、加工制造成本及使用寿命。其次，机械装备中绝大多数的零件都要进行热处理，通过恰当的热处理，不仅可改善钢的使用性能和工艺性能，还能充分发挥材料的性能潜力，提高产品质量，延长使用寿命。如果热处理产生废品，不仅浪费钢材，而且使设计等各道工序的成果付之东流，损失大量的加工工时，贻误工期，所以保证零件的热处理质量是十分重要的。

因此，设计中除了正确选择材料外，在满足零件使用要求的前提下，设计时应考虑零件的结构、形状、尺寸能较好地适应热处理工艺要求，以便能降低热处理的操作难度，可靠地保证热处理质量，减少大量废品（变形超差、开裂）的产生，并以最低的成本耗费和生产周期达到预期的技术要求。

同时，为了保证机器零件使用的可靠性和安全性，必须强调热处理质量的重要性，所选择的热处理工艺不一定是能达到最高性能指标的工艺，但必须是在具体的特定条件下保证所生产的全部零件都能达到设计所要求的性能指标的热处理工艺。

3. 答：

共析钢：珠光体—珠光体层片边界上奥氏体形核—奥氏体+残余渗碳体—完全奥氏体。

过共析钢：珠光体+渗碳体—珠光体层片边界上奥氏体形核（同时渗碳体也向奥氏体转变）—奥氏体+渗碳体—完全奥氏体。

亚共析钢：珠光体+铁素体—珠光体层片边界上奥氏体形核（同时铁素体也向奥氏体转变）—奥氏体+铁素体（同时有残余渗碳体）—完全奥氏体。

4. 答：

过冷奥氏体：在临界点以下暂时存在的 A。

过冷奥氏体会转变成马氏体或贝氏体等不平衡组织。

以大于临界冷却速度（在钢中避免发生珠光体转变）冷却至某一温度（M_s）以下，生成产物为马氏体和残余奥氏体组织。组织形态主要有板条状、针片状或两者混合。

贝氏体：过冷奥氏体在 M_s ~550℃等温冷却发生贝氏体转变，贝氏体由过饱和的铁素体间弥散分布碳化物组成的非层片状组织。

5. 答：

（1）炉冷，冷却转变结束得到的组织为珠光体；

（2）空冷，冷却结束获得组织更细密、弥散度更大的索氏体；

（3）从780℃急冷至550~600℃，等温转变可得到托氏体；

（4）将 T8 钢在350~550℃等温淬火得到上贝氏体，若在250~350℃等温淬火则得到下贝氏体；

（5）油冷，T+M+Ar（Ar 为残余奥氏体）；

（6）水冷，冷却曲线不再与珠光体转变开始线相交，A 过冷至 M_f ~M_s 连续冷却完成转变过程，得到组织为 M+少量 Ar。

6. 答：

（1）两者均有一定的上限转变温度，珠光体上限转变温度对应于 A_1 点，贝氏体开始转变温度对应于 B_s 点。

（2）两者转变产物均为 α 相与碳化物所组成的两相混合物。珠光体为层片状组织，贝氏体为非层片状组织。

（3）贝氏体与珠光体均可等温形成。

（4）与珠光体不同，贝氏体等温转变不能进行到终了，即具有转变的不彻底性。

（5）珠光体转变时铁与碳原子均能扩散，而贝氏体转变时只有碳原子的扩散。

（6）贝氏体的晶体学特征（位向关系与惯习面）均与珠光体不同。贝氏体中的铁素体在形成时，抛光表面引起浮凸，珠光体没有此现象。

（7）贝氏体转变需要更大的过冷度。

7. 答：

（1）二者转变都有一个转变温度区，马氏体转变对应于 M_f ~M_s，贝氏体转变对应于 B_f ~B_s。

（2）贝氏体转变可等温进行，而钢中马氏体转变是非恒温性的，即马氏体转变在不断降温的条件下才能进行。

（3）马氏体转变只有点阵改组而无成分的改变，如钢中的奥氏体转变为马氏体时，只是点阵由面心立方通过共格切变改组成体心立方（或体心正方），因而马氏体的成分与奥氏体的成分完全一样。马氏体转变时钢中的铁、碳原子均无扩散；而贝氏体转变时，碳原子有一定的扩散能力，尽管扩散较弱。这种中温转变包含着两种不同机制的转变，贝氏体为两相混合物组织，而马氏体是单相组织。

（4）贝氏体中铁素体在形成时，与马氏体转变一样，在抛光面上均引起浮凸，但马氏体浮凸呈 N 形，而贝氏体中铁素体的浮凸呈 V 形或 A 形。贝氏体的晶体学特征（位向关系与惯习面等）与马氏体接近。

（5）二者转变均存在不完全性，即转变不能进行到终了。马氏体转变具有可逆性，即快速反向加热不到 A_1 点便发生逆转变。

8. 答：

珠光体是铁素体和渗碳体的机械混合物，组织为层片状。层片间距越小，片层越薄，刚相界面越多，强度、硬度越高，塑性和韧性也得到改善。

贝氏体是由过饱和的铁素体间弥散分布碳化物组成的非层片状组织。组织形态与转变温度有关，上贝氏体强度、硬度比珠光体高，塑性和韧性差，生产中很少使用；下贝氏体具有高的强度和硬度，以及良好的塑性和韧性。

马氏体是碳在 α-Fe 中的过饱和间隙固溶体，其性能取决于过冷奥氏体中的含碳量及马氏体内部的亚结构。高硬度是马氏体性能的主要特点。针片状马氏体塑性和韧性都很差，脆性大；而板条马氏体不仅有较高的强度，还有较好的塑性和韧性，脆性小。

9. 答：

过冷奥氏体在一定过冷度下发生马氏体转变，其中未能转变的奥氏体为残余奥氏体。

残余奥氏体与过冷奥氏体同属亚稳组织，在不同条件下转变为其他组织。当加热至 200~300℃回火，残余奥氏体转变为 $B_下$，使钢的强度、硬度降低，塑性、韧性提高。当加热至 500~600℃回火后冷却，残余奥氏体部分转变为 M，产生二次硬化。淬火后直接冷却到 M_s 以下，残余奥氏体部分转变为马氏体，增加尺寸稳定性。

10. 答：

（1）再结晶退火。将钢板加热到再结晶温度以上 100~200℃（一般为 650~700℃），适当保温后缓慢冷却的热处理工艺，目的是使形变晶粒重新转变为均匀的等轴晶粒，以消除冷变形强化和残余应力，提高塑性，改善切削性能及压延成型性能。

（2）扩散退火。将齿轮加热到固相线以下 100~200℃的高温中保温 10~15 h，然后随炉冷却以消除化学成分不均匀现象的热处理工艺，目的是使齿轮消除在凝固过程中产生的枝晶偏析及区域偏析，使成分和组织均匀化。

（3）先将钢加热到 Ac_3 以上 30~50℃，然后随炉空冷（正火）以消除网状碳化物，再将钢球化退火，得到球状碳化物，使之均匀分布在铁素体上，目的是降低硬度，提高塑性，改善切削加工性能和力学性能。

11. 答：

（1）含碳量<0.25%的低碳钢，宜采用正火，不用退火。因为较快的冷却速度可以防止低碳钢沿晶界析出游离三次渗碳体，从而提高冲压件的冷变形性能；用正火可以提高钢的硬度，改善低碳钢的切削加工性能；在没有其他热处理工序时，用正火可以细化晶粒，提高低

碳钢的强度。

（2）含碳量为 0.25% ~ 0.5% 的中碳钢也可用正火代替退火，虽然接近上限碳量的中碳钢正火后硬度偏高，但尚能进行切削加工，而且正火成本低、生产率高。

12. 答：

T12 钢为过共析钢，临界温度 Ac_1 为 730℃，Ac_{cm} 为 820℃。

T12 钢在 600℃ 和 700℃ 时加热，未超过临界温度 Ac_1，不满足淬火的必要条件；

T12 钢在 780℃ 时加热，温度介于 Ac_1 至 Ac_{cm} 之间，淬火后得到的组织：细小的马氏体+少量残余奥氏体+少量颗粒状碳化物，硬度高（>60 HRC）；

T12 钢在 950℃ 时加热，温度远超过 Ac_{cm} 线，处于过热状态，淬火后得到的组织：粗大的马氏体组织+较多的残余奥氏体，硬度低于前者。同时因加热温度过高，淬火内应力增大，容易产生变形和开裂。

13. 答：

有三个理由：

（1）由淬火得到的马氏体 M 和少量的残余奥氏体，二者都是不稳定的，有自发向稳定组织转变的倾向，会引起零件的形状和尺寸发生变化；

（2）淬火零件内部存在很大的内应力，不及时消除，会引起零件的变形和开裂；

（3）淬火后零件的强度和硬度有很大提高，但淬火后的 M 很脆，韧性差，不能满足零件的性能要求。

回火可稳定组织，减少或消除淬火应力。选择适当温度回火，可提高零件的韧性，调整其硬度和强度，达到所需的力学性能。

14. 答：

第一类回火脆性：指淬火钢在 250 ~ 350℃ 回火时出现的低温不可逆回火脆性，通过降低钢内杂质元素含量以防止或减轻。

第二类回火脆性：指有些合金钢在 450 ~ 650℃ 高温回火后缓冷时，冲击韧度下降的现象，属可逆型。

它们均可通过重新加热到 600℃ 以上，然后快冷消除。

15. 答：

淬透性：指钢在淬火时获得 M 的能力。

淬透性通常用钢在一定条件下淬火所获得的淬硬层深度（淬透深度）来表示。

淬硬性：指钢在正常淬火时所能达到的最高硬度值，表明钢的淬硬能力。

同一材料的淬硬层深度与工件的尺寸、冷却介质有关。工件尺寸小，介质冷却能力强，淬硬层深。而淬透性与工件尺寸、冷却介质无关。它是在尺寸、冷却介质相同时，不同材料的淬硬层深度之间的比较。

16. 答：

钢在 150℃ 回火得到回火马氏体组织，在保持高的强度、硬度的同时，适当提高了韧性，减少了淬火应力。

钢在 450℃ 回火得到回火托氏体组织，钢中内应力大大降低，弹性极限和屈服极限显著提高，同时具有足够的强度、塑性和韧性。

钢在 550℃ 得到回火索氏体组织，使钢的强度、塑性、韧性配合恰当，具有良好的综合力学性能。

17. 答：

（1）内应力大，与材料收缩不均匀有关。

（2）变形大，与钢的化学成分与原始组织及热处理工艺有关。

（3）容易开裂，与加热温度、加热速度和材料本身缺陷有关。

18. 答：

回火分为三类，即低、中、高温回火。

（1）低温回火（150~250℃）得到回火马氏体组织，可在保持高的硬度、强度和耐磨性的情况下，适当提高淬火钢的韧性和减少淬火内应力，主要用于中高碳钢制成的工、模、量具和滚珠轴承。

（2）中温回火（350~500℃）得到回火托氏体组织，目的是使淬火钢中的内应力大大减少，使钢的弹性极限和屈服极限显著提高，同时又具有足够的强度、塑性、韧性，主要用于各种弹簧钢、塑料模、热锻模及某些要求强度较高的零件。

（3）高温回火（>500℃）得到回火索氏体组织，目的是得到高的强度和较高塑性、韧性相配合的综合力学性能，主要用于要求综合性能优良的结构件。

19. 答：

主要相同点：

（1）对工件表面进行处理而内部组织和性能不变。

（2）都使表面硬度和耐磨性提高。

主要不同点如下表：

处理方法	处理工艺	生产周期	表层深度/mm	硬度	选用钢种	应用举例
表面淬火	表面加热淬火+低温回火	很短，几秒到几分钟	0.5~7	57~63 HRC	中碳钢或中碳合金钢	机床齿轮，曲轴
渗碳	渗碳+淬火+低温回火	长，3~9 h	0.3~1.6	57~63 HRC	中碳钢或中碳合金钢	汽车齿轮，活塞
氮化	氮化	很长，20~50 h	0.1~0.6	560~1100 HV	含铝、铬、钼等合金元素的钢	镗杆、丝杠

20. 答：

GCr15 钢是应用最广泛的高碳铬轴承钢，经过淬火加低温回火处理后，显微组织为回火马氏体+均匀细小的碳化物+少量的残余奥氏体，具有高而均匀的硬度（61~65 HRC）和耐磨性、高的接触疲劳性能。发动机轴承本应在淬火后及时进行冷处理和时效处理，以减少轴承组织中的残余奥氏体量，并消除内应力。因没有安排这两道工序，所以出现上述问题。

残余奥氏体是一种亚稳定组织。在 0℃ 以下暴露一段时间后，残余奥氏体在低温发生分解转变成马氏体，体积会急剧膨胀，故轴承尺寸胀大，产生相变应力，故出现裂纹。

21. 答：

时效处理是指金属或合金在大气温度下经过一段时间后，由于过饱和固溶体脱溶和晶格沉淀使强度逐渐升高。铝合金经热处理及淬火后再放置几天，相当于进行了自然时效处理，故强度比之前高。

22. 答：

（1）先将贝氏体试样置于电热炉中，加热到 800℃，然后保温一段时间，直至试样完全奥氏体化。

（2）再将试样快速冷却至 650℃左右，保温一段时间，使其完全转变成珠光体。

（3）最后将试样空冷至室温即可得到所需珠光体试样。

23. 答：

不同点：

（1）在 CCT 图中，珠光体转变所需的孕育期要比 TTT 图略长，而且是在一定温度范围中发生的，有转变终止点。

（2）共析钢的连续冷却转变曲线处于等温转变曲线右下方。

（3）共析钢 CCT 曲线没有下半部分，连续冷却时不能得到贝氏体型组织。

相同点：

二者均是过冷奥氏体的转变图解，前者是在一定温度下的等温转变，后者是以一定的冷却速度时的连续转变，二者在本质上是一致的，转变过程和转变产物的类型基本相互对应。二者横纵坐标一样，处于同一坐标系中，都处于 A_1 至 M_f 温度范围之间，都是制订热处理工艺的重要依据，都可反映不同冷却条件下的组织与性能。

24. 答：

Ⅰ得到珠光体+铁素体组织，因为其冷却曲线先与铁素体析出线相交，后在 660℃左右与珠光体转变开始及结束线相交；

Ⅱ得到索氏体+少量铁素体组织，因为其冷却曲线先与铁素体析出线相交，后在 620℃与索氏体转变开始线相交；

Ⅲ得到马氏体+残余奥氏体组织，因为其冷却曲线未与珠光体转变开始线相交，而是和 M_s 线相交；

Ⅳ得到贝氏体+马氏体组织，因为其冷却曲线与贝氏体转变开始线相交、未与结束线相交，后和 M_s 线相交；

Ⅴ得到贝氏体组织，因为其冷却曲线与贝氏体转变开始及结束线相交。

25. 答：

应根据铁碳相图和 CCT 图或者 C 曲线来分析其转变产物。

首先根据铁碳相图得知，钢件加热到 Ac_3（或 Ac_{cm}）以上保温一段时间，组织已全部奥氏体化；再根据 CCT 图可知冷却速度曲线与 CCT 曲线开始线在 600~650℃相交，故反应产物为索氏体组织。也可根据 C 曲线来定性分析。

四、思考题

1. 答：

主要区别：

（1）加热温度不同，对于过共析钢，退火加热温度在 Ac_1 以上 30~50℃，而正火加热温度在 Ac_{cm} 以上 30~50℃。

98

(2)正火冷速快,组织细,强度和硬度有所提高。当钢件尺寸较小时,正火后组织是 S,而退火后组织是 P。

选择方法:

(1)从切削加工性上考虑:切削加工性包括硬度、切削脆性、表面粗糙度及对刀具的磨损等。一般金属的硬度为 170~230 HB,切削性能较好;硬度过高,难以加工且刀具磨损快;过低则切屑不易断,造成刀具发热和磨损,加工后的零件表面粗糙度很大。

对于低、中碳结构钢以正火作为预先热处理比较合适,高碳结构钢和工具钢则以退火为宜。至于合金钢,由于合金元素的加入使钢的硬度有所提高,故中碳以上的合金钢一般都采用退火以改善切削性。

(2)从使用性能上考虑:如工件性能要求不太高,随后不再进行淬火和回火,那么往往用正火来提高其机械性能;但若零件的形状比较复杂,正火的冷却速度有形成裂纹的危险,应采用退火。

(3)从经济上考虑:正火比退火的生产周期短,耗能少,且操作简便,故在可能的条件下应优先考虑以正火代替退火。

2. 答:

(1)细化晶粒,均匀组织,消除内应力,提高硬度,改善切削加工性。组织为晶粒均匀细小的大量铁素体和少量索氏体。

(2)细化晶粒,均匀组织,消除内应力。组织为晶粒均匀细小的铁素体和索氏体。

(3)细化晶粒,均匀组织,消除网状 Fe_3C_{II},为球化退火做组织准备,消除内应力。组织为索氏体。

3. 答:

第一种工艺:因其未达到退火温度,加热时没有经过完全奥氏体化,故冷却后依然得到组织、晶粒大小不均匀的铁素体和珠光体。

第二种工艺:在退火温度范围内,加热时全部转化为晶粒细小的奥氏体,故冷却后得到组织、晶粒均匀细小的铁素体和珠光体。

第三种工艺:加热温度过高,加热时奥氏体晶粒剧烈长大,故冷却后得到晶粒粗大的铁素体和珠光体。

若要得到大小均匀的细小晶粒,选第二种工艺最合适。

4. 答:

TTT 图即过冷奥氏体等温冷却转变动力学图。其形状很像字母"C",故称为 C 曲线,也称为 TTT 曲线。TTT 是英文 time temperature transformation 的缩写。CCT 图即过冷奥氏体连续冷却转变曲线,CCT 是英文 continuous cooling transformation 的缩写。

以共析钢为例说明其等温转变产物及特征,见下表。

CCT 图(连续冷却转变特征):只有 C 曲线的上半部分,而无中温区的贝氏体转变。因为贝氏体转变孕育期较长,珠光体转变最不稳定区的孕育期相当短,连续冷却时奥氏体大部分在高温转变为珠光体。

在亚共析钢连续冷却时可以发生贝氏体转变。连续冷却转变比等温转变温度低,孕育期和转变时间更长。连续冷却转变曲线在等温冷却转变曲线右下方。

转变类型	转变温度	转变产物	转变机制	组织形态	硬度/HRC	性能特点
珠光体型	$A_1 \sim 650℃$	珠光体 P	扩散型	粗片状	$17 \sim 25$	随片间距减小，强度、硬度提高，塑性和韧性略有改善
	$650 \sim 600℃$	索氏体 S		细片状	$25 \sim 30$	
	$600 \sim 550℃$	屈氏体 T		极细片状	$35 \sim 45$	
贝氏体型	$550 \sim 350℃$	上贝氏体 $B_上$	半扩散型	羽毛状	$40 \sim 50$	性能差
	$M_s \sim 350℃$	下贝氏体 $B_下$		竹叶状	$50 \sim 60$	综合力学性能好
马氏体型	$M_f \sim M_s$	马氏体 M	无扩散型	针状	$60 \sim 65$	硬度高、脆性较大
				板条状	50	有一定的硬度，韧性较好

5.答：

残余应力是热应力、组织应力和附加应力在热处理过程中综合作用的结果。成分或工件尺寸不同，残余应力分布将有明显变化。

减少淬火后的残余应力的措施：

(1)降低冷速或淬火时的加热温度以减少温差可降低热应力。

(2)减少淬火前后组织的比容差，使原始组织均匀或碳化物分布均匀，均有利于降低组织应力。

(3)降低 M_s 温度以下冷速可减小组织应力。淬火前预冷可减小热应力。减小淬火工件的表面与心部的温差可减少热处理残余应力。

(4)减少工件各部位截面差异，使之对称及薄厚均匀，减少尖棱、尖角、沟槽、盲孔等均可降低热处理残余应力。

(5)表面脱碳、渗碳、局部淬火、快速冷却，表面和心部相变条件不同，沿截面组织、结构不均匀可产生附加应力，需加以控制。

第五章

一、选择题

1~5　BACAB

6~10　CBDAC

二、填空题

1.碳钢

2.亲和力

3.铸造性能　锻造性能　焊接性能　切削加工性能

4.合金结构钢　合金工具钢　特殊性能钢

5.渗碳钢

6. 单相奥氏体组织

7. 淬火 高温回火

8. 耐热钢

9. 片 球 团絮 蠕虫

10. 含碳量

三、问答题

1. 答:

合金钢中的合金元素通常分为以下几类:

碳化物形成元素:Mn,Cr,W,Mo,V,Ti,Nb,Zr。

非碳化物形成元素:Ni,Cu,Co,Si,Al、N、B。

此外,还有稀土元素(Re)。

2. 答:

Mn、Cr、W、Mo、V、Ti 等合金元素都能增加过冷奥氏体的稳定性,推迟珠光体类型组织的转变,使 C 曲线右移,即提高钢的淬透性。碳化物形成元素如 Cr、W、Mo、V、Ti 等,当它们含量较多时,不仅会使 C 曲线右移,而且还会使 C 曲线的形状发生变化,甚至出现两组 C 曲线,上部的 C 曲线反映了奥氏体向珠光体的转变,而下部的 C 曲线反映了奥氏体向贝氏体的转变。

3. 答:

对基本相(铁素体、渗碳体)的影响:

(1)形成合金铁素体和合金渗碳体;

(2)形成碳化物。

对钢的回火转变的影响:

(1)提高钢的回火稳定性;

(2)产生二次硬化;

(3)防止第二类回火脆性。

4. 答:

渗碳钢的含碳量一般都很低(为 0.10%~0.25%),属于低碳钢,是为了保证渗碳钢零件的心部具有良好的韧性和塑性。为了提高钢的心部的强度,可在钢中加入一定数量的合金元素,如 Cr、Ni、Mn、Mo、W、Ti、B 等。其中 Cr、Mn、Ni 等合金元素所起的主要作用是提高钢的淬透性,使其在淬火和低温回火后表层和心部组织得到强化。另外,少量的 Mo、W、Ti 等碳化物形成元素,可形成稳定的合金碳化物,起到细化晶粒的作用。

5. 答:

调质钢的含碳量一般为 0.3%~0.5%,属于中碳钢。碳量过低,钢件淬火时不易淬硬,回火后达不到所要求的强度。碳量过高,钢的强度、硬度虽增高,但韧性、塑性差,在使用过程中易产生脆性断裂。

合金调质钢中常加入的合金元素:主加合金元素 Cr、Mn、Ni、Si、B 等,可提高淬透性,固溶强化铁素体元素;辅加合金元素 Mo、W、V,可提高回火稳定性,Mo、W 还能减轻或防止第二类回火脆性,V 能细化晶粒。

6. 答：

弹簧钢的碳含量确定：$w(C)$ 为 $0.5\%\sim0.7\%$，可保证高的弹性极限和疲劳极限。

合金弹簧钢中常加入的合金元素：Si、Mn、Cr、V。

根据弹簧的加工成型状态不同，可分为热成型弹簧与冷成型弹簧。热成型弹簧的最终热处理为淬火后中温回火；冷成型弹簧则是用冷拉弹簧钢丝经冷卷后成型，然后进行低温去应力退火。

7. 答：

滚动轴承钢的碳含量确定：$w(C)$ 为 $0.95\%\sim1.10\%$，高的碳含量可保证轴承钢高的强度、硬度及耐磨性。

钢中常加入的合金元素：主加合金元素 Cr，可提高淬透性，形成合金渗碳体，提高耐磨性；辅加合金元素 Si、Mn，可进一步提高淬透性。

8. 答：

简明工艺路线：下料→球化退火→机械加工→淬火+低温回火→磨平面→抛槽→开口。

球化退火：降低硬度，便于机械加工，并为最终热处理做好组织上的准备。

淬火+低温回火：保证最终使用性能（高的硬度和良好的韧性），减小变形（分级淬火），降低残余内应力。

最终组织为回火马氏体+颗粒状碳化物，大致硬度为 $60\sim63$ HRC。

9. 答：

热硬性（红硬性）：指钢在高温下仍能维持高硬度的能力。

W18Cr4V 钢出现二次硬化的原因为：$550\sim570℃$ 时，钨及钒的碳化物（WC、VC）呈细小分散状从马氏体中沉淀析出，产生了弥散硬化作用；同时，在此温度范围内，一部分碳及合金元素从残余奥氏体中析出，从而降低了残余奥氏体中碳及合金元素含量，提高了马氏体转变温度，当随后回火冷却时，就会有部分残余奥氏体转变为马氏体，使钢的硬度得到提高。基于以上原因，在回火时便出现了硬度回升的二次硬化现象。

而 65 钢，虽然淬火后硬度为 $60\sim62$ HRC，但由于其热硬性差，钢中没有提高耐磨性的碳化物，因此不能制造所要求耐磨的车刀。

10. 答：

热硬性主要取决于马氏体中合金元素的含量，即高温加热时溶于奥氏体中合金元素的量。由于对高速钢热硬性影响最大的 W 及 V 两个元素，在奥氏体中的溶解度只有在 $1000℃$ 以上时才有明显的增加，在 $1270\sim1280℃$ 时奥氏体中含有 $7\%\sim8\%$ 的钨、4% 的铬、1% 的钒。如果温度再升高，奥氏体晶粒就会迅速长大变粗，淬火状态残余奥氏体也会迅速增多，从而降低高速钢性能。W18Cr4V 钢淬火加热温度为 $1270\sim1280℃$，是为了使更多的合金元素溶入奥氏体中，达到淬火后获得高合金元素含量马氏体的目的。

按常规方法进行淬火加热不能达到性能要求。因高速钢导热性差，淬火加热时须预热，以防止变形开裂，另外对加热温度有严格的控制。

三次回火的主要目的是减少残余奥氏体量，稳定组织，并产生二次硬化。因为 W18Cr4V 钢在淬火状态时约有 25% 左右的残余奥氏体，仅靠一次回火是难以消除的。淬火钢中的残余奥氏体在随后的回火冷却过程中才能向马氏体转变，回火次数愈多，提供冷却的机会就愈多，就越有利于残余奥氏体向马氏体转变，减少残余奥氏体量。而且，后一次回火还可以消除前一次回火由残余奥氏体转变为马氏体所产生的内应力。

11. 答：

热处理工艺：球化退火、淬火、冷处理、低温回火、低温人工时效处理、去应力回火。

球化退火：降低硬度，便于切削加工，为最终热处理做组织准备。

淬火+低温回火：为了保证块规具有高的硬度（62~65 HRC）和耐磨性。

与常规工艺相比，增加的冷处理和时效处理，是为了保证块规有高的硬度和长期的尺寸稳定性。

时效处理后的去应力回火：是为了消除新生的磨削应力，使量具残余应力保持在最低程度。

12. 答：

Cr12MoV 钢属于莱氏体钢，也需要反复锻打，把大块的碳化物击碎，锻造后应缓冷，也要进行球化退火，以便降低硬度，便于加工。热处理采用淬火+回火处理。

如果对 Cr12MoV 钢还要求有良好的热硬性，一般可将淬火温度适当提高至 1115~1130℃，但会因组织粗化而使钢的强度和韧性有所降低。淬火后，由于组织中存在大量残余奥氏体（>80%）而使硬度仅为 42~50 HRC，但在 510~520℃回火时会出现二次硬化现象，使钢的硬度回升至 60~61 HRC。

13. 答：

奥氏体不锈钢主要是 18-8（18Cr-8Ni）型不锈钢，这类钢的特点是含碳量低，铬、镍含量高，加入了扩大 γ 相区，降低 M_s 点的合金元素（如 Ni），使钢在室温下具有单相奥氏体组织。钢中加 Ti 是为了消除钢的晶间腐蚀倾向。

为提高其耐蚀性，常用的热处理工艺有固溶处理、稳定化处理及去应力处理。

14. 答：

按组织类型可分为：珠光体耐热钢、铁素体耐热钢、奥氏体耐热钢、马氏体耐热钢。

作用：（1）提高钢在高温下的抗氧化性；（2）提高热强性；（3）强化第二相；（4）强化晶界。

用途：锅炉用钢、汽轮机、燃气轮机的转子和叶片，锅炉过热器，高温工作的螺栓和弹簧，内燃机排气阀等。

15. 答：

常用的铸铁主要有灰铸铁、球墨铸铁、可锻铸铁、蠕墨铸铁。

力学性能优劣顺序为：球墨铸铁、可锻铸铁、蠕墨铸铁、灰铸铁。

工艺性能优劣顺序为：灰铸铁、蠕墨铸铁、球墨铸铁、可锻铸铁。

与钢相比较，铸铁的铸造成型性好、减振性好、耐磨性好、缺口敏感性低，但通常力学性能较差，抗拉强度小，塑性差。

16. 答：

影响石墨化的主要因素：冷却速度和化学成分。

冷却速度的影响：在化学成分相同、铸铁结晶时，厚壁处由于冷却速度慢，有利于石墨化过程的进行，薄壁处由于冷却速度快，不利于石墨化过程的进行。即过冷度越小，越有利于析出稳定相石墨，相反，过冷度越大，越有利于析出亚稳相渗碳体。

化学成分的影响：C、Si 是强烈促进石墨化的元素，随着碳含量的增加，液态铸铁中石墨晶核数增多，促进石墨化。S、Mn、Mo 等是强烈阻止石墨化的元素。

17. 答：

根据铸铁在结晶过程中石墨化程度可将铸铁分三类：白口铸铁、灰口铸铁、麻口铸铁。

白口铸铁中，碳几乎全部以 Fe_3C 形式存在；麻口铸铁中，一部分碳以石墨形式存在，另一部分碳以 Fe_3C 形式存在；灰口铸铁中，碳主要以石墨形式存在。

18. 答：

第一、第二阶段完全石墨化得到 F+G。

第三阶段完全石墨化温度较低，原子扩散能力低，不易石墨化。根据合金元素不同、冷却速度不同，第三阶段石墨化过程被部分或全部抑制。可得到三种不同的组织：F+G、F+P+G、P+G。

四、思考题

1. 答：

（1）在钢中加入合金元素，溶于铁素体，起固溶强化作用；合金元素进入渗碳体中，形成合金渗碳体。

（2）几乎所有合金元素都使 E 点和 S 点左移，在退火状态下，相同含碳量的合金钢组织中的珠光体量比碳钢多，从而使钢的强度和硬度提高。

（3）除 Co 外，凡溶入奥氏体的合金元素均使 C 曲线右移、淬透性提高，这有利于减少零件的淬火变形和开裂倾向。

（4）除 Co、Al 外，所有溶于奥氏体的合金元素都使 M_s、M_f 点下降，使钢在淬火后的残余奥氏体量增加。

（5）合金钢的回火温度比相同含碳量的碳钢高，有利于消除内应力，有效地防止了工件开裂与变形。

（6）含有高 W、Mo、Cr、V 等元素的钢在淬火后回火加热时，产生二次硬化。二次硬化使钢具有热硬性，这对工具钢是非常重要的。

（7）在钢中加入 W、Mo 可防止第二类回火脆性。

2. 答：

不合适。

锉刀是手用工具，其工作时的温度不高，速度不快，力学性能要求不高，用碳素工具钢就可以。而钻头是高速运转的工具，要求有高的热硬性与耐磨性，要用低合金工具钢或高速工具钢。

3. 答：

零件名称	锉刀	沙发弹簧	汽车变速箱齿轮	机床床身	桥梁
材料	T12A	60Si2Mn	20CrMnTi	HT250	Q345
最终热处理	淬火+低温回火	淬火+中温回火	渗碳后淬火+低温回火	退火+表面淬火	热轧空冷

4. 答：

Q235：含碳量低的、屈服强度为 235 MPa 的碳素结构钢，主要用于结构件、钢板、螺栓、螺母、铆钉等。

20：含碳量为 0.2%的优质碳素结构钢，强度、硬度低，韧性、塑性好，主要用于冲压件、锻造件、焊接件和渗碳件，如齿轮、销钉、小轴、螺母等。

45：含碳量为 0.45%的优质碳素结构钢，综合力学性能好，主要用于齿轮轴件，如曲轴、传动轴、连杆。

T8A：含碳量为 0.8%左右的优质碳素工具钢，其承受冲击能力、韧性较好，硬度适当，可用于手钳、大锤、木工工具等。

GCr15：含碳量为 1.5%左右、含 Cr 量为 1.5%左右的滚动轴承钢，主要用于各种滚动体、壁厚≤12 mm、外径≤250 mm 的轴承套，模具，精密量具等。

60Si2Mn：含碳量为 0.6%左右、含 Si 量为 2%左右、含 Mn 量为 1.5%左右的弹簧钢，主要用于汽车、拖拉机、机车的板簧、螺旋弹簧、汽缸安全阀簧等。

W18Cr4V：含 W 量为 18%左右、含 Cr 量为 4%左右、含 V 量小于 1.5%的高速工具钢，主要用于高速切削车刀、钻头、铣刀、板牙、丝锥等。

ZG310-570：最小屈服强度为 310 MPa、最小抗拉强度为 570 MPa 的碳素铸钢，用于载荷较高的零件，如大齿轮、缸体、制动轮等。

HT200：最低抗拉强度为 200 MPa 的灰铸铁。

第六章

一、选择题

1~5　BCACB
6~10　BBCCA

二、填空题

1. LY
2. 合金顺序号
3. 黄铜
4. 超硬铝合金
5. 锻铝合金
6. 青铜
7. LF
8. 锌
9. 时效处理
10. 酸

三、问答题

1. 答：
二元铝合金相图中，D 点是固溶体溶解度的极限。D 点左边为变形铝合金，右边为铸造铝合金。

2. 答：

形变铝合金分为：

（1）不能热处理强化的变形铝合金（防锈铝合金），塑性、焊接性能好，且具有良好的低温性能，具有优良的耐蚀性；

（2）能热处理强化的变形铝合金，抗蚀性和焊接性稍差，但其强度可以通过淬火和时效得到显著提高。

铝合金的热处理方法：固溶（淬火）+时效处理。其强化效果是依靠时效过程中产生的硬化来实现的。

3. 答：

根据化学成分，可将铜分为黄铜、青铜、白铜三大类。

例如：H62 代表黄铜，且含铜量为 60.5%~63.5%，余量为锌；

力学性能：$R_m \geqslant 290Pa$，$A_{11.3} \geqslant 35\%$，硬度 $\leqslant 95\ HV$；

用途：可用于制作销钉、铆钉、螺帽、垫圈导管、散热器等。

4. 答：

根据退火或淬火状态的组织，可将钛合金分为 α 钛合金、β 钛合金和（α+β）钛合金三种类型。

α 钛合金在室温下强度比 β 钛合金和（α+β）钛合金低，但在 500~600℃ 的高温下，其强度比 β 钛合金和（α+β）钛合金高。α 钛合金具有很好的强度、塑性和韧性，在冷态也能加工成板材和棒材等，并且组织稳定，抗氧化性、焊接性和加工性能好。

β 钛合金淬火后强度不高，塑性好，具有良好的成形性。

（α+β）钛合金强度高，塑性好，耐热强度高，耐蚀性和耐低温性能好。

5. 答：

滑动轴承合金必须具备的特性：

（1）有足够的抗压强度和疲劳强度；

（2）有足够的塑性和韧性；

（3）低的摩擦系数；

（4）有良好的导热性和较小的膨胀系数。

常用滑动轴承合金有锡基、铅基、铜基、铝基和铁基轴承合金等。

6. 答：

牌号	名称	成分	特性	用途
3A21	防锈铝合金	Al-Mn	塑性、耐蚀性好	油箱、油导管
ZL102	铸造铝合金	Al-Si	铸造性、耐热性好	活塞、缸体等
ZL401	铸造铝合金	Al-Zn	加工性、铸造性好	发动机的零件
LD5	锻铝合金	Al-Cu-Mg-Si	热塑性、锻造性好	受载模锻件
H68	黄铜	Cu-Zn	易成形、耐蚀性好	散热器外壳
HPb59-1	铅黄铜	Cu-Ni-Cu	切削性好、易焊接	五金机械

续上表

牌号	名称	成分	特性	用途
ZCuZn40Mn2	铸造黄铜	Cu-Zn-Mn	耐蚀性、铸造性好	阀体、阀杆、泵
TA7	钛合金	Ti-Al-Sn	强度高、低温性能好	燃料罐

7. 答：

(1)某些特殊性能材料的唯一制造方法；

(2)可直接制出尺寸准确、表面光洁的零件；

(3)节约材料和加工工时，此两项成本低；

(4)制品强度较低；

(5)流动性较差，形状受限制；

(6)压制成型的压强较高，制品尺寸较小；

(7)压模成本高。

8. 答：

根据合金中元素分类：钨钴类硬质合金、钨钴钛类硬质合金等。

性能特点：具有高强度、高硬度、高热硬性，耐磨损、耐腐蚀、耐高温，膨胀系数低等优点。

应用：

用作刀具材料：车刀、铣刀、刨刀、钻头等；

用作模具材料：主要指冷作模，如冷拉模、冷冲模、冷挤模和冷镦模等；

用作量具及耐磨零件：千分尺、块规、塞规等。

四、思考题

1. 答：

固溶强化：溶质原子与基体原子大小不同，造成基体晶格畸变，产生一个弹性应力场。此应力场增加了位错运动的阻力，产生强化作用。

弥散硬化：合金元素加入基体金属中，在一定条件下析出第二相粒子，运动的位错遇到第二相粒子时，必须通过它，滑移变形才能继续进行，因此其阻碍了位错的运动，产生了强化作用。

时效硬化：材料经过热处理后放置一段时间，其应力释放、元素扩散，形成了新的固溶相，因而强度、硬度增加，产生强化作用。

区别：固溶强化是晶格发生畸变阻碍了位错运动引起的；弥散强化是小的溶质原子或第二相弥散分布后的强化作用；时效硬化是一种自然或人工的、形成新的固溶体的强化机制。

2. 答：

牌号	含义	主要作用
ZL102	顺序号为 2 的 Al-Si 系铸造铝合金	制作形状复杂的铝合金部件，如活塞等
ZL201	顺序号为 1 的 Al-Cu 系铸造铝合金	铸造高温铸件

牌号	含义	主要作用
ZL302	顺序号为 2 的 Al-Mg 系铸造铝合金	制作在冲击载荷、腐蚀介质中工作的零件
ZL401	顺序号为 1 的 Al-Zn 系铸造铝合金	制作发动机的零件及仪器零件
3A21	Al-Mn 系防锈铝合金	用于焊接、管道等需延伸、低载荷的零件
2A12	顺序号为 12 的硬铝合金	制作航空模锻件及重要的轴和销
LC4	顺序号为 4 的超硬铝合金	制作受力较大的结构件，如飞机大梁
LD7	顺序号为 7 的锻铝合金	制作承受重载荷的锻件和模锻件
H70	铜的平均质量分数为 70% 的黄铜	制作弹壳、机械和电器零件
HPb59-1	铜的平均质量分数为 59% 的铅黄铜	制作销子、螺钉、垫圈
HAl67-2.5	铜的平均质量分数为 67% 的铝黄铜	制作海船冷凝器管及其他耐蚀零件
ZQSn6-6-3	锡的质量分数为 6% 的铸造锡青铜	制作高负荷、耐磨、耐腐蚀的零件
QAl5	Al 的质量分数为 5% 的铝青铜	制作弹簧
QSn4-3	Sn 的质量分数为 30% 的锡青铜	制作弹簧元件、化工机械耐磨零件
QSi1-3	Si 质量分数为 1% 的硅青铜	制作发动机和机械制造中的结构零件

3. 答：

钨钴类硬质合金：WC-Co 组成的硬质合金，主要牌号有 YG3、YG6、YG8 等，后面的数字表示 Co 的质量分数（以百分数表示）。这类硬质合金主要用于加工铸件、非铁金属和非金属材料。YG 类合金中钴含量高时，其抗弯强度和冲击韧度均较好，特别是提高了疲劳强度，因此适于在受冲击和振动的条件下作粗加工用；钴含量较低时，其耐磨性和耐热性较高，适于作连续切削的精加工用。

钨钴钛类硬质合金：WC-TiC-Co（YT）类硬质合金适合加工塑性材料，如钢材，主要牌号有 YT5、YT15、TY30 等，YT 后面的数字表示 TiC 的质量分数（以百分数表示）。YT 类合金具有较高的硬度，特别是具有较高的耐热性，在高温时的硬度和抗压强度比 YG 类合金高，抗氧化性能好。另外，在加工钢材时，YT 类合金有很高的耐磨性。YT 类硬质合金含钴量较高、含碳化钛较低时，抗弯强度较高，较能承受冲击，适于作粗切削加工用；含钴量较低、含碳化钛较高时，耐磨性和耐热性较好，适于作精加工用。含碳化钛越高，其磨削性和焊接性能也越差，刃磨及焊接时容易出现裂纹。

YG8 表示平均 $w(Co)=8\%$，其余为碳化钨的钨钴类硬质合金。

YT15 表示平均 $w(Ti)=15\%$，即表示含碳化钛 15%，其余为碳化钨和钴含量的钨钴钛类硬质合金。

第七章

一、选择题

1~5　BBDCB

6~10　ABBAA

二、填空题

1.黏土　长石　石英

2.加成聚合　缩合聚合

3.单体分子　双键

4.单体　聚合物

5.碳链高分子材料　杂链高分子材料　元素有机高分子材料　无机高分子材料

6.碳　氢　氧

7.塑料　合成橡胶　合成纤维　胶黏剂

8.离子键　共价键

9.普通陶瓷

10.金属基复合材料　高分子基复合材料　陶瓷基复合材料

三、问答题

1.答:

高分子材料特性:高弹性,重量轻,滞弹性,比强度很高,韧性好,减摩、耐磨性,绝缘性好,耐热性好,耐蚀性好,易老化。

2.答:

塑料通常由合成树脂和添加剂组成,添加剂有:填充剂、增塑剂、固化剂、稳定剂、着色剂、润滑剂、发泡剂、阻燃剂等。

塑料的优点:

(1)密度小、比强度高;

(2)化学稳定性高;

(3)绝缘性能好;

(4)减摩性好;

(5)减振、消音、耐磨性好;

(6)生产效率高、成本低。

塑料的缺点:强度低,耐热性差,热膨胀系数很大,导热性很差,易老化,易燃烧等。

3.答:

工程塑料成形性好,一般用于制作形状较复杂的零件。其力学性能好,有较高的强度和硬度,但一般不及金属材料。工程塑料韧性较好,耐热、耐辐射、耐蚀性好,有良好的尺寸稳定性。在应用上,工程塑料常用于不受力或受力小的零部件,可代替一部分金属在工程中应用。

4. 答：

塑料处于玻璃态，橡胶处于高弹态。

5. 答：

橡胶制品是在生橡胶中加入各种添加剂，经过加热、加压的硫化处理，使各高分子链间相互交联成网状结构而得到的产品。

橡胶制品特性：高弹性，优良的伸缩性，可贵的积蓄能量的能力，良好的耐磨性、隔音性及阻尼特性，但耐寒性、耐臭氧性及耐辐射性等较差。

使用和保养时应注意防护光、氧、热及重复的屈折作用，保持干燥清洁，不要与酸、碱、汽油、有机溶剂等物质接触，远离热源。

6. 答：

陶瓷材料的化学键主要是离子键和共价键。

陶瓷是多晶、多相(晶相、玻璃相和气相)的聚集体。

(1)晶相：陶瓷的主要组成，决定了陶瓷的高硬度、耐高温、耐腐蚀、耐磨损和好的绝缘性。

(2)玻璃相：玻璃相对陶瓷的机械强度、介电性能、耐热性等不利。

玻璃相在陶瓷中的作用是黏结：黏结晶粒，填充空隙，提高致密度，降低烧结温度，促进烧结。

(3)气相：气孔，降低强度和绝缘性，造成裂纹；同时减小密度，并能减振。

7. 答：

陶瓷材料具有熔点高、硬度高、化学稳定性好、耐高温、耐腐蚀、耐磨损、绝缘性好等优点。某些陶瓷材料还具有导电、导热、导磁、透明、超高频绝缘、红外线透过率高等特性。

8. 答：

复合材料是由两种或两种以上不同物理、化学性质或不同组织结构的材料经人工组合而成的一种新型多相固体材料。

复合材料是各向异性的非匀质材料，通常具有多相结构。

与传统材料相比，复合材料具有以下性能特点：

(1)比强度、比模量高；

(2)抗疲劳性能好；

(3)减振性能好；

(4)高温性能优良；

(5)安全性好。

9. 答：

大分子链结构是由许多结构相同的基本单元(链节)重复连接构成。

按几何形状可分为线型结构、支链型结构、网状型结构。

线型结构：为卷曲成线团状的长链。这种结构的高聚物弹性、塑性好，硬度低，是热塑性材料，如聚氯乙烯、尼龙等。

支链型结构：主链上带有支链。其性能接近线型结构，支链对高聚物性能的影响往往是不利的，支链越复杂和文化程度越高，影响越大。

网状型结构：分子链之间有许多链节互相交联，构成网状，交联程度低时，弹性较好，如橡胶；交联程度高时，硬度高，脆性大，无弹性和塑性，是热固性材料，如环氧树脂。

10. 答：

高分子化合物与低分子化合物最根本的区别在于两者的相对分子量的大小不同，通常低分子化合物的相对分子量在 1000 以下，而高分的相对分子量在 5000 以上，高分子化合物有相对密度小、强度大、高弹性和可塑性等性质。

相对分子质量 $M = n \times m$（n 为聚合度，m 为链节的相对分子质量）。

四、思考题

1. 答：

高分子材料由于结构的多层次、状态的多重性及对温度和时间的敏感性，具有明显的特点。

高弹性：高聚物与金属相比，弹性模量只有金属的 1/1000，弹性变形却超过金属的 1000 倍。

重量轻：高分子材料是最轻的一类材料，为钢的 1/8～1/4。

韧性：高分子材料塑性好，强度低，冲击韧性比金属低得多。

减摩、耐磨性：高分子材料摩擦系数很低。

高分子材料比金属材料绝缘性好，耐蚀性好，不发生电化学腐蚀，但耐热性低，易老化。

2. 答：

热塑性塑料分子链具有线型结构，柔顺性好，经加热后软化并熔融成为流动的黏稠液体，冷却后即能固化，此过程为物理变化，其化学结构基本不发生改变，可反复多次进行。

热固性塑料分子链具有网状型结构，稳定性好，在受热后软化，冷却后成型固化，发生化学改变，再加热时不再转化，是不可逆的。

热塑性塑料有聚乙烯（PE）、聚丙烯（PP）、聚苯乙烯（PS）、聚氯乙烯（PVC）、聚碳酸酯（PC）、聚氨酯（PU）、聚四氟乙烯（特富龙，PTFE）等。

热固性塑料有酚醛、三聚氰胺甲醛、环氧以及有机硅等。

3. 答：

通用塑料产量大，用途广，价格低廉，通用性强。

工程塑料的力学性能好，有较高的强度、刚度和韧性，耐热、耐辐射、耐蚀性，有良好的尺寸稳定性，可代替一部分金属在工程中应用。

4. 答：

聚甲醛：具有很高的硬度、刚性和抗拉强度，优良的耐疲劳性、减摩性，较小的高温蠕变性，吸水性、尺寸稳定性好，且绝缘性较好。

ABS 塑料：具有硬、韧、刚的混合特点，综合力学性能较好，具有良好的耐磨性、电绝缘性及成型加工性。

5. 答：

高弹性与分子的结构密切相关，橡胶的主要成分是生橡胶，是一种不饱和的橡胶烃，也是一种线型结构的或含有支链型结构的长链状高分子，因此具有高弹性。

常见合成橡胶有异戊橡胶、丁苯橡胶、氯丁橡胶、顺丁橡胶、丁基橡胶等。

6.答：

工业用特种陶瓷主要有氧化铝陶瓷、氮化硅陶瓷、碳化硅陶瓷、氮化硼陶瓷等。

陶瓷材料主要用于化工、机械、冶金、能源、电子和一些新技术中，在某些特殊的场合，陶瓷是唯一能选用的材料。

7.答：

金属–塑料多层复合材料在结构上就是以钢为基体、烧结铜网为中间层、塑料为表层的多层复合材料。

钢基体是骨架，起支撑作用；中间层起增强作用；表层的塑料直接与其他零件接触，起润滑作用。

用这种材料制造的轴承磨损小、减摩性低，能够在无润滑或少润滑条件下工作，而且尺寸精度高。

第八章

一、选择题

1~5   DABAA
6~10   CCCAB

二、填空题

1.使用功能

2.正常失效   非正常失效

3.断裂失效   过量变形失效   表面损伤失效

4.设计不合理   选材不合理   加工工艺不当   装配使用不当

5.传递动力   调节速度   改变运动方向

6.轮齿折断   齿面磨损   表面疲劳剥落   齿面塑性变形

7.表面强化处理   表面化学热处理

8.磨损   刃部软化   崩刃   断裂   破碎

9.断裂或开裂   磨损   疲劳及冷热疲劳   变形   腐蚀

10.冷作模具   热作模具   塑料模具   玻璃模具

三、问答题

1.答：

零件选材的基本原则是所选材料的使用性能应能满足零件的使用要求，易加工，成本低，寿命高。

应注意的是，从材料的使用性能、工艺性能和经济性三个方面进行综合分析，在满足使用性能的前提下，考虑工艺性能和经济性。

2.答：

轴类零件是各类机械中重要的受力和传动零件，具体受力情况因其作用和结构不同有一定的差异，通常应具有良好的综合力学性能，以防过载和冲击断裂；高的疲劳强度，以防疲劳断裂；高的表面硬度和良好的耐磨性，以防轴颈磨损，并提高轴的运转精度和使用寿命；还应有良好的切削加工性。齿轮类零件工作时，主要受力部位是轮齿，齿面上要承受很大的接触应力和摩擦力。轮齿表面要有足够的强度和硬度，轮齿根部要能承受较大的弯曲应力，在运转过程中，有时要承受冲击力的作用。齿轮本体要有足够的强韧性。基于以上特点，锻件毛坯能满足这些要求。

箱体类零件包括各种机械的机身、底座、支架、横梁、工作台、齿轮箱、轴承座、阀体和泵体等。其特点是结构比较复杂、形状不规则、体积较大、壁厚较小，如机身、底座、支架等，以承受压应力为主，并要求有较好的刚度和减振性；工作台、导轨等零件要求有高的耐磨性和减振性；有些机械的机身、支架同时承受压、拉和弯曲应力的联合作用，甚至还有冲击载荷。箱体零件一般受力不大，但要有良好的刚性和致密性，故多采用耐压、耐磨和减振性能良好、价格较低的铸件。

3. 答：

不正确。零件材料选择，首先要满足使用性能要求和工艺性能要求，这是毋庸置疑的，但是选材的经济性并不是单纯去选择最便宜的材料而忽视零件的质量和寿命，应综合考虑材料对零件的功能、质量和成本的影响，在物美价廉的同时考虑零件的使用寿命、安全性等多个因素，保证最优化的技术效果和经济效益。

4. 答：

表面损伤失效是在零件的表面及附近材料失去正常工作所必需的形状、尺寸和表面粗糙度的条件下发生的。

表面损伤失效通常以表面磨损失效、表面腐蚀失效和表面疲劳失效的形式出现。

5. 答：

(1) 磨床主轴可选用 45 钢，其加工工艺路线如下：

下料→锻造→正火→粗加工→调质→半清加工(除花键)→局部表面淬火(锥孔与圆锥孔)→回火→粗磨(外圆、锥孔与外圆锥面)→铣花键→花键高频感应淬火+低温回火→精磨(外圆、锥孔与外圆锥面)→检验。

正火是为了调整硬度，便于切削加工，同时消除残余内应力，改善锻造组织，为调质处理做好准备。

调质可获得回火索氏体，具有良好的综合力学性能，提高疲劳强度和抗冲击能力。为了更好地发挥调质效果，通常将调质安排在粗加工后进行。

对轴颈、内锥孔、外锥面进行表面淬火和低温回火，是为了提高硬度、增加耐磨性、延长主轴的使用寿命。花键部位采用高频感应淬火+低温回火，可减少变形并获得一定的表面硬度，以保证其耐磨性和高的精度。

(2) 高速铣刀可选用 W18Cr4V 钢，其加工工艺路线如下：

下料→锻造→退火→机械加工→淬火→回火→精加工→检验。

高速钢是莱氏体钢，其铸态组织为亚共晶组织，由鱼骨状的莱氏体与树枝状的马氏体加托氏体组成，这种组织呈脆性，无法通过热处理改善，因此，需要通过反复锻打来击碎鱼骨状碳化物，使其均匀分布于基体中。锻造对高速钢而言，一是为了使钢料成形获得毛坯，二是为了改善其组织。

退火是为了降低硬度，消除应力，并为以后的淬火做好组织准备。高速钢的预先热处理是球化退火。

机械加工成型后，经过淬火和回火，才能得到优良的性能。高速钢的导热性差，淬火加热时应于600~650℃和800~850℃预热两次，以防止变形和开裂，严格控制淬火温度，不宜过高，防止晶粒粗大。淬火后通常在550~570℃进行三次回火，减少残余奥氏体量，稳定组织，并产生二次硬化。

(3)发动机曲轴可选用球墨铸铁，其加工工艺路线如下：

熔炼→铸造→正火→高温回火→机加工→轴颈表面淬火+低温回火→精加工→检验。

正火是为了增加珠光体含量和细化珠光体，提高抗拉强度、硬度和耐磨性。高温回火是为了消除正火所造成的内应力。轴颈表面淬火+低温回火是为了在保持高硬度的同时，消除内应力，使轴颈处有一定的耐磨性。

(4)汽车板簧可选用60Si2Mn钢，其加工工艺路线如下：

下料→校直→钻孔→卷耳→淬火+中温回火→喷丸→检验。

经淬火+中温回火处理，可得到回火托氏体组织，其硬度为40~45 HRC，从而保证在得到高的屈服强度的同时具有足够的韧性。表面质量对板簧的使用寿命影响很大，采用喷丸处理进行表面强化，使表面产生压应力，消除或减轻表面缺陷，从而提高屈服强度和疲劳强度。

(5)滚动轴承可选用GCr15钢，其加工工艺路线如下：

下料→锻造→预备热处理(正火→球化退火)→磨削加工→淬火+低温回火→冷处理→磨加工→时效处理→检验。

正火体作为预备热处理，可消除网状碳化物，以利于球化退火，同时可细化晶粒。

球化退火作为预备热处理，使钢中的碳化物球状化，获得粒状珠光体，可降低硬度、改善切削加工性能，为淬火组织做准备。

淬火+低温回火，可获得回火马氏体+颗粒状碳化物+少量残余奥氏体。

冷处理可减少残余奥氏体量，稳定尺寸。

时效处理可进一步消除应力，稳定组织和尺寸。

四、思考题

1.答：

(1)零件由于断裂、腐蚀、磨损、变形等而完全丧失其功能；

(2)零件在外部环境作用下，部分地失去其原有功能，虽然能够工作，但不能完成规定功能，如由于磨损导致尺寸超差等；

(3)零件虽然能够工作，也能完成规定功能，但继续使用时，不能确保安全可靠性。

2.答：

寻找裂纹源的方法有两种：

第一种，根据断口全貌寻找，又称裂纹分析法，即将断口碎片大致折合起来，但不要使断面相碰，根据下列特点来确定裂纹源的位置：

(1)裂纹源方向与裂纹分叉方向相反；

(2)如果一条裂纹与另一条裂纹垂直相交成丁字形，则裂纹源在横着的一条裂纹上；

(3)在结构件的碎片中，变形、缩颈、弯曲或其他塑性变形最小的部位，最有可能包含裂纹源；

(4)在碎片拼合起来后，碎片之间配合不好，间隙最大的地方为裂纹源。

第二种，根据断口宏观特征寻找裂纹源：

(1)放射花样的放射中心指向裂纹源；

(2)人字纹顶点指向裂纹源；

(3)纤维区中心为裂纹源点；

(4)从剪切唇的对侧寻找裂纹源；

(5)在构件表面缺口处寻找裂纹源；

(6)疲劳断裂的源点在同心圆处；

(7)应力腐蚀裂纹源在表面腐蚀产物集中处，氢脆断裂裂纹源在表层下面。

3. 答：

失效的诱发因素包括力学因素、环境因素及时间三个方面，故可分为：

(1)机械力引起的失效，包括弹性变形、塑性变形、断裂、疲劳及剥落等；

(2)热应力引起的失效，包括蠕变、热松弛、热冲击、热疲劳、蠕变疲劳等；

(3)摩擦力引起的失效，包括黏着磨损、磨粒磨损、表面疲劳磨损、冲击磨损、微动磨损及咬合等；

(4)活性介质引起的失效，包括化学腐蚀、电化学腐蚀、应力腐蚀、腐蚀疲劳、生物腐蚀、辐照腐蚀及氢致损伤等。

4. 答：

(1)承受重载、大冲击载荷的机动车传动齿轮：20CrMnTi。

(2)汽车板弹簧：60Si2Mn。

(3)医用镊子：30Cr13。

(4)滚动轴承：GCr15。

(5)锉刀：T10。

(6)高速切削刀具：W18Cr4V。

(7)机床床身：HT200。

(8)丝锥：9SiCr。

(9)冷冲压模：Cr12MoV。

(10)履带板：ZG100Mn13。

(11)高速内燃机曲轴：42CrMo。

第四部分

实验指导书和实验报告

（一）实验指导书

实验一　材料的硬度测试

一、实验目的

①了解硬度测定的基本原理及应用范围。
②了解布氏、洛氏、维氏硬度试验机的主要结构及操作方法。
③根据不同材料的性能特点，正确选择硬度测量方法。

二、实验概述

硬度是指材料抵抗局部变形，特别是塑性变形、压痕或划痕的能力，是衡量材料软硬程度的指标。测定材料硬度的方法主要有压入法、回跳法和刻划法三种，工业上主要采用压入法。硬度值越高，表明金属抵抗塑性变形能力越大，材料产生塑性变形就越困难。另外，材料的硬度与强度之间有一定的关系，根据硬度可以大致估计材料的强度。因此，在产品设计图纸的技术条件中，往往标注硬度值，热处理生产中也常以硬度作为检验产品是否合格的主要依据。

常用的硬度试验方法有：

布氏硬度试验：主要用于黑色、有色金属原材料检验，也可用于退火、正火钢铁零件的硬度测定。

洛氏硬度试验：主要用于金属材料热处理后的产品硬度检验。

维氏硬度试验：主要用于薄板或金属表层的硬度测定及较精确的硬度测定。

1. 布氏硬度

布氏硬度试验是将一直径为 D 的淬火钢球或硬质合金球，在规定的试验力 F 作用下压入被测金属表面，保持一定时间 t 后卸除试验力，并测量出试样表面的压痕直径 d，根据所施加的试验力 F、球体直径 D 及所测得的压痕直径 d 的数值，求出被测金属的布氏硬度值 HBW。布氏硬度的测试原理如图 1 所示。

在试验测量时，可由测出的压痕直径 d 直接查压痕直径与布氏硬度对照表而得到所测的布氏硬度值。在进行布氏硬度试验时，球体直径 D、施加的试验力 F 和试验力的保持时间 t 都应根据被测金属的种类、硬度范围和试样的厚度范围进行选择。布氏硬度试验规范如表 1、表 2 所示。

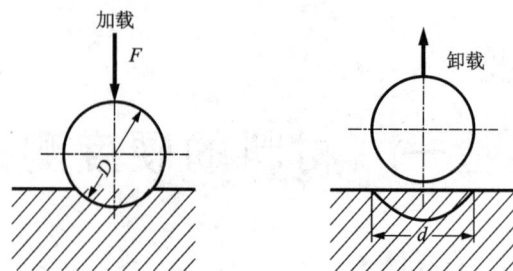

图 1　布氏硬度的测试原理图

表 1　布氏硬度试验规范(GB/T 231.1—2018)

硬度符号	球直径 (D)/mm	试验力-压头球 直径平方的比率 (0.102F/D²)	试验力 (F)/N
HBW10/3000	10	30	29420
HBW10/1500	10	15	14710
HBW10/1000	10	10	9807
HBW10/500	10	5	4903
HBW10/250	10	2.5	2452
HBW10/100	10	1	980.7
HBW5/750	5	30	7355
HBW5/250	5	10	2452
HBW5/125	5	5	1226
HBW5/62.5	5	2.5	612.9
HBW5/25	5	1	245.2
HBW2.5/187.5	2.5	30	1839
HBW2.5/62.5	2.5	10	612.9
HBW2.5/31.25	2.5	5	306.5
HBW2.5/15.625	2.5	2.5	153.2
HBW2.5/6.25	2.5	1	61.29
HBW1/30	1	30	294.2
HBW1/10	1	10	98.07
HBW1/5	1	5	49.03
HBW1/2.5	1	2.5	24.52
HBW1/1	1	1	9.807

122

表2　不同材料推荐的试验力与压头球直径平方的比率

材料	布氏硬度范围/HBW	试验力-压头球直径平方的比率($0.102F/D^2$)
钢、镍合金、钛合金		30
铸铁	<140	10
	≥140	30
铜及铜合金	<35	5
	35~200	10
	>200	30
轻金属及合金	<35	2.5
	35~80	5
		10
		15
	>80	10
		15
铅、锡		1

注：对于铸铁，压头球的名义直径应为 2.5 mm、5 mm 或 10 mm。

布氏硬度试验测出的硬度值比较准确，但它不宜测定成品件或薄片金属的硬度；同时，也不能测定硬度高于 650 HBW 的金属材料，否则压头处会产生塑性变形或破裂，而降低测量的精度。

2. 洛氏硬度

洛氏硬度试验是以锥角为 120° 的金刚石圆锥体或者直径为 1.588 mm 的淬火钢球为压头，在规定的初载荷和主载荷作用下压入被测金属的表面，然后卸除主载荷，在保留初载荷的情况下，测出由主载荷引起的残余压入深度 h，再由 h 值确定洛氏硬度值 HR 的大小。洛氏硬度试验原理如图2所示。

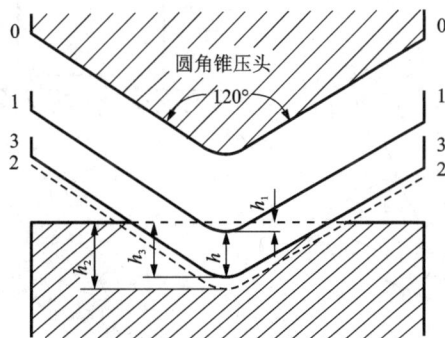

图2　洛氏硬度试验原理示意图

洛氏硬度值的计算公式为：

$$HR = K - \frac{h}{0.002}$$

式中：h 为残余压入深度（mm）；K 为常数，当采用金刚石圆锥压头时 $K=100$，当采用淬火钢球压头时 $K=130$。为了能用同一硬度计测定从极软到极硬材料的硬度，可以通过采用不同的压头和载荷，组成 15 种不同的洛氏硬度标尺，其中最常用的有 HRA、HRB、HRC 三种。

三种常用洛氏硬度的试验规范如表 3 所示。

表 3　三种常用洛氏硬度的试验规范

符号	压头类型	载荷/N（或 kgf）	硬度值有效范围	使用范围
HRA	120°金刚石圆锥体	588.4（60）	20~88 HRA	适用于测量硬质合金、表面淬火层或渗碳层
HRB	直径为 1.588 mm 的淬火钢球	980.7（100）	20~100 HRB	适用于测量有色金属、退火钢、正火钢等
HRC	120°金刚石圆锥体	1471（150）	20~70 HRC	适用于测量调质钢、淬火钢等

3. 维氏硬度

维氏硬度试验原理基本上和布氏硬度试验原理相同，不同之处在于维氏硬度试验压头采用金刚石正四棱锥压头。维氏金刚石正四棱锥两对面的夹角为 136°，底面为正方形，如图 3 所示。

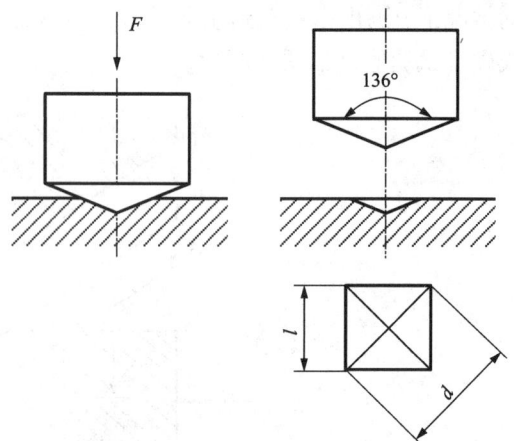

维氏硬度试验基本原理是将两相对面夹角为 136°的金刚石正四棱锥压头，在一定的试验力作用下压入试样表面，保持一定的时间后，卸除试验力，测量压痕对角线长度，如图 4 所示，以试验力除以压痕锥形表面积所得的商表示维氏硬度值。

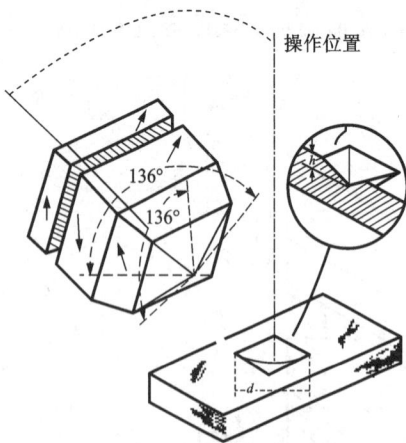

图 3　维氏金刚石正四棱锥压头　　　　图 4　维氏硬度试验基本原理图

维氏硬度的计算公式为：

$$HV = \frac{F}{S} = \frac{2F\sin(\theta/2)}{d^2} = 1.8544\frac{F}{d^2}$$

式中：HV 为维氏硬度值(kgf/mm^2)；F 为试验力(kgf)；S 为压痕锥形表面积(mm^2)；d 为压痕对角线平均长度(mm)；θ 为压头两相对面夹角，θ 为 136°。

当试验力的单位为 N 时，维氏硬度值可由下面的公式得出：

$$HV = 0.102\frac{F}{S} = 0.102\frac{2F\sin(\theta/2)}{d^2} = 0.1891\frac{F}{d^2}$$

维氏硬度值单位的表示符号为 HV。由于硬度值与试验条件相关，因此在 HV 后要标注主要的试验条件。HV 前的数字表示硬度值，HV 后第 1 个数字表示试验力(kgf)，第 2 个数字表示不同于 10~15 s 的保荷时间(10~15 s 是标准试验力保荷时间)。例如：

440HV10 表示：在 10 kgf 试验力作用下保持 10~15 s 测得的维氏硬度值为 440。

440HV10/30 表示：在 10 kgf 试验力作用下保持 30 s 测得的维氏硬度值为 440。

维氏硬度试验的特点和应用范围：

①和布氏、洛氏硬度试验相比，维氏硬度试验测量范围较宽，从较软材料到超硬材料，几乎涵盖各种材料；

②维氏硬度试验具有相似性，使得试验力的选取具有较大的灵活性；

③由于压痕轮廓较清晰，测量对角线长度时，具有较高的对角线精确度，因而硬度的测量精确度较高；

④显微维氏硬度试验的试验力很小，因而可对特别细小的试件进行硬度测定。

维氏硬度试验特别适用于精密仪表中的薄件、小件及镀层、渗碳、渗氮层等的硬度测定。显微维氏硬度试验因其试验力比较小，更能进行材料金相组织及脆性材料的硬度测量。

三、实验设备及材料

①布氏硬度试验机。

②数显洛氏硬度计。

③维氏硬度计。

④材料：钢材、有色合金试块若干。

四、实验内容及操作步骤

①了解硬度计的构造、原理、使用方法、操作规程和安全注意事项。

②根据被测材料的种类、热处理状态等选择适宜的硬度标尺。

③按仪器设备的操作规程分别进行布氏硬度、洛氏硬度和维氏硬度测定。

五、注意事项

①试样两端要平行，表面应平整，若有油污或氧化皮，可用砂纸打磨，以免影响测量。

②圆柱形试样应放在带有 V 形槽的工作台上操作，以防试样滚动。

③加载时应细心操作，以免损坏压头。

④加预载荷(10 kgf)时，若发现阻力太大，应停止加载，并立即报告，检查原因。

⑤测定硬度值、卸掉载荷后，必须使压头完全离开试样后再取下试样。

⑥金刚石压头系贵重物件，质硬而脆，使用时要小心谨慎，严禁与试样或其他物件碰撞。

⑦应根据硬度试验机试样范围，按规定合理使用不同的载荷和压头，超过使用范围将不能获得准确的硬度值。

六、实验报告要求

①写出实验目的。

②写出实验过程。

③实验结果记录，将实验数据填入表格内，采用正确的标注方法表示实验结果。

④对比分析三种硬度测试方法的异同点及其选用的基本原则。

⑤写出本次实验的体会。

实验二 铁碳合金平衡组织的观察与分析

一、实验目的

①观察和识别铁碳合金在平衡状态下的显微组织特征。
②了解铁碳合金在平衡状态下的显微组织及其成分、性能之间的关系。
③分析含碳量对铁碳合金平衡组织的影响。

二、实验概述

平衡状态是指铁碳合金在极为缓慢的冷却条件下完成转变的组织状态。在实验条件下，退火状态下的碳钢组织可以看成是平衡组织。

图1是以组织组成物表示的铁碳合金相图。在室温下，碳钢和白口铸铁的组织都是由铁素体和渗碳体两种基本相构成的，但是因含碳量不同、合金相变规律的差异，致使铁碳合金在室温下的显微组织呈现出不同的组织类型。表1列出了各种铁碳合金在室温下的显微组织。

表1 各种铁碳合金在室温下的显微组织

合金分类		含碳量/%	显微组织
工业纯铁		≤0.0218	铁素体(F)
碳钢	亚共析钢	0.0218~0.77	F+珠光体(P)
	共析钢	0.77	P
	过共析钢	0.77~2.11	P+二次渗碳体($P+Fe_3C_{II}$)
白口铸铁	亚共晶白口铸铁	2.11~4.3	P+ C_{II} +莱氏体($P+Fe_3C_{II}+Ld$)
	共晶白口铸铁	4.3	Ld'
	过共晶白口铸铁	4.3~6.69	Ld+一次渗碳体($Ld'+Fe_3C_{I}$)

在铁碳合金显微组织中，铁素体和渗碳体两种相经硝酸酒精溶液浸蚀后均呈白亮色，而它们之间的相界则为黑色线条。采用煮沸的碱性苦味酸钠溶液浸蚀，铁素体仍为白色，而渗碳体则被染成黑色。

铁碳合金的各种基本组织特征如下。

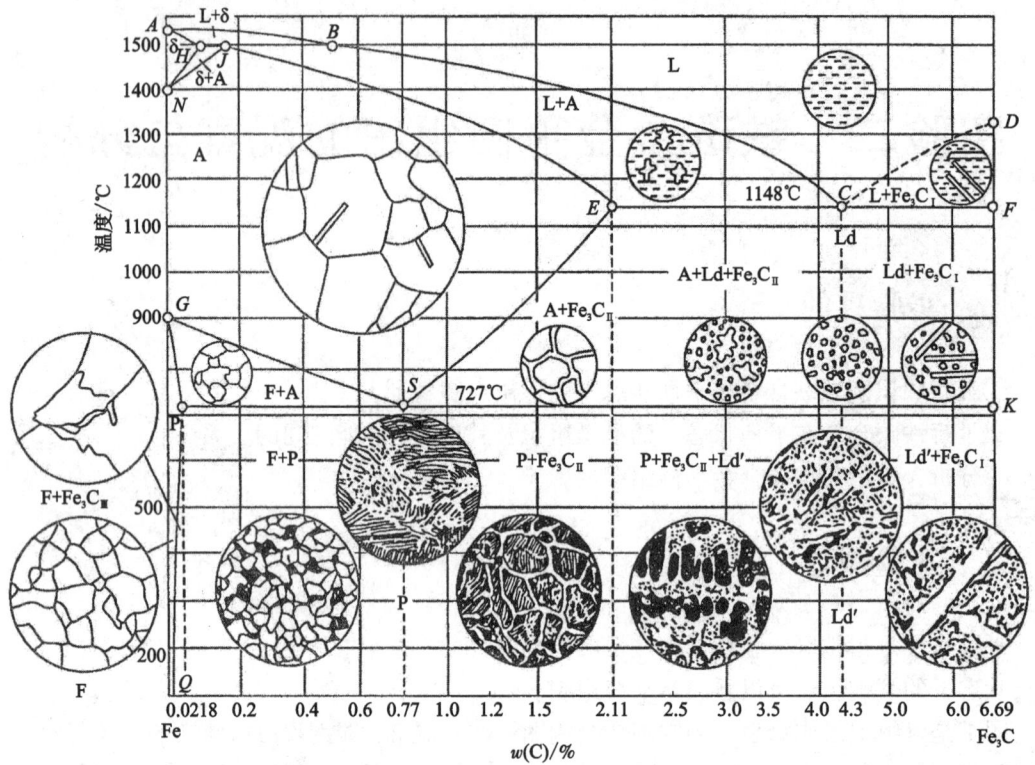

图1 以组织组成物表示的铁碳合金相图

1. 工业纯铁

含碳量小于0.0218%的铁碳合金称为工业纯铁，其显微组织为单相铁素体或铁素体+极少量三次渗碳体。为单相铁素体时，显微组织由呈亮白色的不规则块状晶粒组成，黑色网状线即为不同位向的铁素体晶界，如图2(a)所示。当显微组织中有三次渗碳体时，则在某些晶界处看到呈双线的晶界线，表明三次渗碳体以薄片状析出于铁素体晶界处，如图2(b)所示。

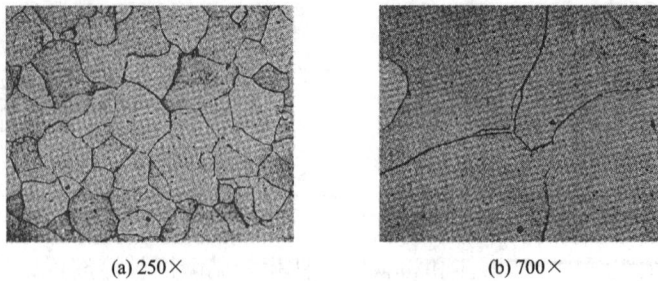

(a) 250×   (b) 700×

图2 工业纯铁的显微组织

128

2. 碳钢

碳钢按含碳量的不同，将组织类型分为三种：共析钢、亚共析钢和过共析钢。其组织特征如下。

（1）共析钢

含碳量为 0.77% 的铁碳合金称为共析钢，其显微组织是珠光体。珠光体是层片状铁素体和渗碳体的机械混合物。两相的相界是黑色的线条，在不同放大倍数条件下观察，则具有不同的组织特征，在高倍数（>500 倍）电镜下观察时，能清晰地分辨珠光体中平行相间的宽条铁素体和细片状渗碳体，如图 3（a）所示。在 300~400 倍光学显微镜下观察时，由于显微镜的鉴别能力小于渗碳体片厚度，这时看到的渗碳体片就是一条黑线，如图 3（b）所示，珠光体有类似指纹的特征。

(a) 800×　　　　　　　(b) 300×

图 3　共析钢的珠光体组织

（2）亚共析钢

含碳量为 0.0218%~0.77% 的铁碳合金称为亚共析钢，室温下的显微组织是铁素体+珠光体。铁素体呈白色不规则块状晶粒，珠光体在放大倍数较低或浸蚀时间长、浸蚀液浓度加大时，则为黑色块状晶粒，如图 4 所示。

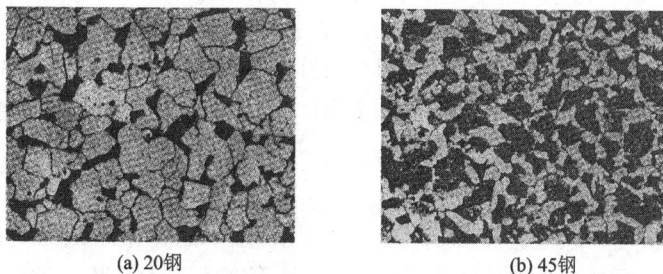

(a) 20钢　　　　　　　(b) 45钢

图 4　亚共析钢的显微组织（300×）

在亚共析钢的组织中，随着含碳量的增加，组织中的珠光体量也会增加。在平衡状态下，亚共析钢组织中的铁素体和珠光体的相对量可应用杠杆定律计算。通过在显微镜下观察组织中珠光体和铁素体各自所占面积的百分数，可以近似估算出钢的含碳量。$w_C = 0.77\% \times S_P$，式中 w_C 是碳的质量分数，S_P 是珠光体所占的面积百分比。

（3）过共析钢

含碳量为 0.77%～2.11% 的铁碳合金称为过共析钢，室温下的显微组织为珠光体+二次渗碳体。二次渗碳体呈网状分布在原奥氏体的晶界上，随着钢的含碳量增加，二次渗碳体网加宽，用硝酸酒精溶液浸蚀时，二次渗碳体网呈亮白色，如图 5(a) 所示。若用煮沸的碱性苦味酸钠溶液浸蚀，则二次渗碳体呈黑色，如图 5(b) 所示。

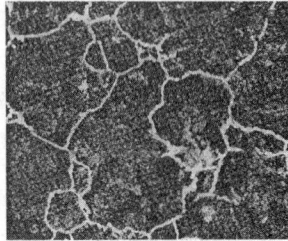

(a) 硝酸酒精溶液浸蚀   (b)碱性苦味酸钠溶液浸蚀

图 5　过共析钢的显微组织（300×）

3. 白口铸铁

白口铸铁的含碳量为 2.11%～6.69%。在白口铸铁的组织中含有较多的渗碳体相，其宏观断口呈白亮色，因而得名。按含碳量不同，其组织类型也分为三种：共晶白口铸铁、亚共晶白口铸铁和过共晶白口铸铁。

（1）共晶白口铸铁

共晶白口铸铁的含碳量为 4.3%，室温下的显微组织是变态莱氏体。变态莱氏体是珠光体和渗碳体的机械混合物，如图 6 所示。图中白亮的基体是渗碳体，显微组织中的黑色细小颗粒和黑色条状的组织是珠光体。

（2）亚共晶白口铸铁

亚共晶白口铸铁的含碳量为 2.11%～4.3%，室温下的显微组织是珠光体+二次渗碳体+变态莱氏体，如图 7 所示。图中较大块状黑色部分是珠光体，呈树枝状分布，其周边的白亮轮廓为二次渗碳体，在白色基体上分布有黑色细小颗粒和黑色细条状的组织是莱氏体。通常二次渗碳体与共晶渗碳体（即莱氏体中的渗碳体）连在一起，又都是白亮色，因此难以明确区分。

（3）过共晶白口铸铁

过共晶白口铸铁的含碳量为 4.3%～6.69%，其室温下的显微组织为变态莱氏体+一次渗碳体，如图 8 所示。图中呈白亮色的大板条状（立体形态为粗大片状）的是一次渗碳体，其余部分为变态莱氏体。

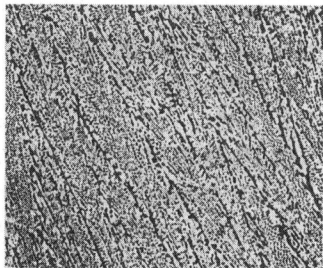

图6 共晶白口铸铁(100×)　　图7 亚共晶白口铸铁(100×)　　图8 过共晶白口铸铁(200×)

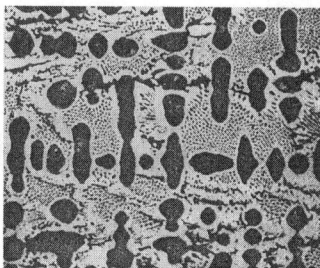

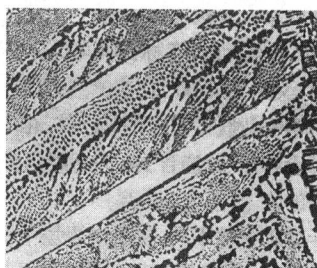

三、实验设备及材料

金相显微镜、工业纯铁试样1个、亚共析钢试样2个、共析钢试样1个、过共析钢试样1个、亚共晶白口铸铁试样1个、共晶白口铸铁试样1个、过共晶白口铸铁试样1个。

四、实验内容

观察8种试样，根据铁碳合金相图判断各组织组成物，区分显微镜下看到的各种组织。

五、实验报告要求

①写出实验目的。

②画出你观察到的试样的组织图，标明各组织组成物名称、材料名称、处理状态、浸蚀剂、放大倍数等(不要将划痕、夹杂物、锈蚀坑等画到图上)。

③计算碳钢(亚共析钢试样2个、共析钢试样1个、过共析钢试样1个)室温下各组织组成物的相对重量。

④讨论铁碳合金含碳量与组织的关系。

六、注意事项

显微镜是精密的光学仪器，使用时一定要小心。要爱护制好的试样，不要用手直接触摸试样表面，更要避免试样表面被硬物划伤。

实验三　钢的普通热处理

一、实验目的

①熟悉碳钢的几种基本处理(退火、正火、淬火及回火)操作方法。

②了解含碳量、加热温度、冷却速度、回火温度等主要因素对热处理后性能(硬度)的影响。

二、实验概述

钢的热处理就是通过加热、保温和冷却改变其内部组织,从而获得所要求的物理、化学、机械和工艺性能的一种操作方法。一般热处理的基本操作有退火、正火、淬火及回火等。

热处理操作中,加热温度、保温时间和冷却方式是最重要的三个基本工艺因素,正确选择其热处理工艺规范,是保证工件获得合格性能的关键。

1. 加热温度

(1)退火加热温度

亚共析钢的退火加热温度是 Ac_3 以上 20~30℃(完全退火);共析钢和过共析钢的退火加热温度是 Ac_1 以上 20~30℃(球化退火),目的是得到球状珠光体,降低硬度,改善高碳钢的切削性能。

(2)正火加热温度

亚共析钢的正火加热温度是 Ac_3 以上 30~50℃;过共析钢的正火加热温度是 Ac_{cm} 以上 30~50℃,即加热至奥氏体单相区。

(3)淬火加热温度

亚共析钢的淬火加热温度是 Ac_3 以上 30~50℃;过共析钢的淬火加热温度是 Ac_1 以上 30~50℃。

钢的成分、原始组织及加热速度等影响界点 Ac_1、Ac_3 及 Ac_{cm} 的位置。在各种热处理手册中都可以查到各种钢的具体热处理温度。热处理时不要任意提高加热温度,因为温度过高时,晶粒容易长大,氧化、脱碳和变形等也都变得比较严重。

(4)回火温度

钢淬火后要回火,回火温度取决于最终所要求的组织和性能(工厂中常根据硬度的要求)。按加热温度,回火分成低温回火、中温回火、高温回火三种。

低温回火:是在 150~250℃进行回火,所得组织为回火马氏体,硬度约 60 HRC,目的是降低淬火后的应力、减少钢的脆性，但保持钢的高硬度。低温回火常用于高碳钢切削刀具、量具和轴承等工件的处理。

中温回火：是在350~500℃进行回火，所得组织为回火屈氏体，硬度为35~45 HRC，目的是获得高的弹性极限、较好的韧性，主要用于中高碳钢弹簧的热处理。

高温回火：是在500~650℃进行回火，所得组织为回火索氏体，硬度为25~35 HRC，目的是获得既有一定强度、硬度，又有良好冲击韧性的综合机械性能。所以把淬火后经高温回火的热处理工艺称为调质处理。它主要用于中碳结构钢机械零件的热处理。

高于650℃的回火得到回火珠光体，可以改善高碳钢的切削性能。

2. 保温时间

为了使工件各部位温度均匀化，完成组织转变，并使碳化物完全溶解和奥氏体成分均匀一致，必须在淬火加热温度下保温一定时间。通常将工件升温和保温所需时间计算在一起，统称为加热时间。

热处理加热必须考虑许多因素，例如工件的尺寸和形状、使用的加热设备及装炉量、装炉温度、钢的成分和原始组织、热处理的要求和目的等，具体加热时间可参考有关手册中的数据。

实际工作中多根据经验估算加热时间。一般规定，在空气介质中升到规定温度后的保温时间，碳钢按工作厚度每毫米需1~1.5 min估算，合金钢按工作厚度每毫米2 min估算。在盐浴炉中，保温时间可缩短一半以上。

3. 冷却方法

热处理的冷却方法必须适当，才能获得所要求的组织和性能。

退火一般采用随炉冷却。

正火多采用空气冷却，大件常进行吹风冷却。

淬火的冷却方法非常重要。一方面冷却速度要大于临界冷却速度，以保证得到马氏体组织；另一方面冷却速度应当尽量缓慢，以减少内应力，避免变形和开裂。为了调和上述矛盾，可以采用特殊的冷却办法，使加热工件在奥氏体最不稳定的温度范围内（550~650℃）快冷，避开C曲线鼻尖后慢冷，尤其在马氏体转变温度（100~300℃）以下要慢冷。常用淬火方法有单液淬火、双液淬火（先水冷后油冷）、分级淬火、等温淬火等。

三、实验内容

①按表1所列工艺条件进行各种热处理操作。

表1　热处理工艺及硬度测试记录

钢号	热处理工艺			硬度值/HRC 或 HB			
	加热温度/℃	冷却方式	回火温度/℃	1	2	3	平均
45	860	炉冷					
		空冷					
		水冷					
		水冷	200				
		水冷	400				
		水冷	600				
	750	水冷					
T12	750	炉冷					
		空冷					
		水冷					
		水冷	200				
		水冷	400				
		水冷	600				
	860	水冷					

②测定热处理后的全部试样的硬度(炉冷、空冷试样测 HBW,水冷和回火试样测 HRC),并将数据填入表内。

四、实验步骤

①每组一套试样(45 钢试样 7 块,T12 试样 7 块)。炉冷试样可由实验室事先处理好。

②将同一加热温度的 45 钢和 T12 钢试样分别放入 860℃ 和 750℃ 的炉内加热(炉温预先由实验室升好),保温 15~20 min 后,分别进行冷却。

③从两种加热温度的水冷试样中各取出 3 块 45 钢和 3 块 T12 钢试样,分别放入 200℃、400℃、600℃ 的炉内进行回火,回火保温时间为 30 min。

④淬火时,试样用钳子夹好,迅速出炉、入水,并不断在水中搅动,以保证热处理质量。取、放试样时炉子要先断电。

⑤热处理后的试样用砂纸磨去两端面氧化皮,然后测定硬度(HRC 或 HBW),每个试样测 3 个点,取平均值,并将数据填于表内。

⑥每个同学必须抄下全班实验数据,以便独立进行分析。

五、实验报告要求

①写出实验目的。

②列出全套硬度数据。

③根据热处理原理，预计各种热处理后的组织，并填入表中。

④分析含碳量、淬火温度、冷却方式及回火温度对碳钢性能（硬度）的影响，说明硬度变化的原因。

六、思考问题

①生产中对 T12 钢进行正火处理（加热到 Ac_{cm} 以上）的实际意义是什么？为什么？

②为什么淬火–回火是不可分割的工序？确定工件回火温度规范的依据是什么？

实验四　钢的热处理及组织性能分析

一、实验目的及要求

本实验为综合实验，要求学生在老师的指导下独立完成，包括原材料检测（金相组织、硬度）→热处理（淬火＋回火）→终检（金相组织、硬度）的全过程并得出相关实验结果。

①熟悉金相分析基本方法。

②熟悉钢的热处理工艺及热处理炉的操作方法。

③熟练掌握工业生产中常用的洛氏硬度检测方法。

二、实验设备及材料

①设备：金相显微镜、热处理炉及控温仪表、洛氏硬度计、砂轮机、预磨机、抛光机、吹风机。

②试样材料：20 钢、45 钢、T12 钢（任选一种）。

③消耗材料：Cr_2O_3 抛光液、3%~5%硝酸酒精溶液、棉花、水砂纸、金相砂纸、抛光布、水。

三、实验步骤及方法

每人一个试样，做完该试样实验的全过程。

第 1 步：粗磨。

用砂轮机或锉刀将试样待观察面制成平面，再用金相砂纸磨制，得到平整磨面。

第 2 步：冲洗。清水洗净并擦干。

第 3 步：细磨。

消除粗磨后的磨痕，得到平整而光滑的磨面。依次在由粗到细的三种不同粒度的水砂纸上把磨面磨光。

方法：将水砂纸放在玻璃板上，左手按住水砂纸，右手握住试样，并使磨面朝下，均匀用力沿直线向前推行，返回时试样要离开水砂纸，如此反复，直至磨面上的磨痕被去掉，新的磨痕均匀一致时为止。每换一张水砂纸，试样的磨制方向转动 90°，即与上一道磨痕方向垂直。

第 4 步：冲洗。清水洗净。

第 5 步：抛光。

靠极细的抛光粉末与磨面间产生相对磨削和滚压作用去除细磨时留下来的细微磨痕和变形层，使其成为光滑的镜面。抛光时应在抛光盘上不断滴注抛光液，抛光液采用 Cr_2O_3 细粉末在水中的悬浮液。

第 6 步：冲洗。清水洗净。

第 7 步：浸蚀。浸蚀剂为 3%~5% 硝酸酒精溶液。

方法：将试样磨面浸入浸蚀剂中，或用棉花沾上浸蚀剂擦拭表面。时间要适当，一般磨面发暗时就可停止，如浸蚀不足可重复浸蚀；如浸蚀过度，则需重新抛光后再来一次。

第 8 步：冲洗。先用清水冲洗，再用酒精冲洗。

第 9 步：吹干。用吹风机吹干试样或用棉球擦干后即可进行观察。

第 10 步：显微观察(XJP-200 金相显微镜)。

要求画出所观察到的组织示意图，标明材料牌号、放大倍率、浸蚀剂及所观察到的组织组成物的名称。

第 11 步：硬度测试(HR-150A 洛氏硬度计或 HRD-150 电动洛氏硬度计或 TH320 全洛氏硬度计)。

要求记录所测试的数据，每个试样(在不同部位)测 3 个点，取其平均值。

第 12 步：热处理(SX 系列、SG 系列或 RJM 系列热处理炉)。

同种牌号试样放入同一热处理炉进行热处理，并依据铁碳相图上的临界温度确定好热处理温度及保温时间。淬火时，试样用钳子夹好，迅速出炉、入水，并不断在水中搅动，以保证热处理质量。取、放试样时炉子要断电。根据回火温度不同，各小组将已经正常淬火并测定过硬度的试样分别放入指定温度的炉内加热、保温，然后取出空冷。

第 13 步：热处理后的试样用水砂纸磨去两端氧化皮。

第 14 步：重复第 1 步至第 11 步。

四、实验记录(表 1)

表 1　热处理实验记录

材料与工艺参数	热处理前		热处理后	
材料牌号： 淬火 加热温度： 保温时间： 冷却介质： 回火 加热温度： 保温时间： 冷却介质：	硬度：		淬火硬度：	回火硬度：
	组织：		淬火组织：	回火组织：
	示意图：		示意图：	
材料牌号： 淬火 加热温度： 保温时间： 冷却介质： 回火 加热温度： 保温时间： 冷却介质：	硬度：		淬火硬度：	回火硬度：
	组织：		淬火组织：	回火组织：
	示意图：		示意图：	

五、实验报告要求

①写出实验目的。

②写出实验过程。

③记录实验结果，在示意图上标明组织组成物名称。

④根据热处理原理，分析热处理前后的组织变化情况，对比热处理前后的硬度值，分析硬度值变化的原因。

⑤写出本次实验的体会。

六、注意事项

①本实验加热所用的设备都为电炉，由于炉内电阻丝距离炉膛较近，容易漏电，所以电炉一定要接地。在取、放试样时必须先切断电源。

②往炉中放、取试样必须使用夹钳，夹钳必须擦干，不得沾有油和水。开关要迅速，炉门打开时间不宜过长。

③试样在淬火液中应不断搅动，以免因冷却不均而出现软点。

④在观察显微组织时，可先用低倍镜全面观察，找出典型组织，再用高倍镜放大，局部详细观察。移动金相试样时，不得用手指触摸试样表面，以免影响观察。

⑤硬度测试时，试样两端要平行，表面应平整，若有油污或氧化皮，可用水砂纸打磨；如测试圆柱形试样的侧面，应放在带有 V 形槽的工作台上操作，以防试样滚动。

⑥加载时应细心操作，以免损坏压头。若加载阻力太大，应停止加载，并立即报告。

⑦测完硬度值、卸掉载荷后，必须使压头完全离开试样后再取下试样。

⑧金刚石压头系贵重物件，质硬而脆，使用时要小心谨慎，严禁与试样或其他物件碰撞。

实验五　典型合金钢、铸铁及有色合金的显微组织观察

一、实验目的

①熟悉常用合金钢、铸铁及有色合金的显微组织及特征。
②分析常用合金钢、铸铁及有色合金的组织和性能的关系。
③了解常用合金钢、铸铁及有色合金的性能特点及应用。

二、实验概述

1.常用合金钢的显微组织及特征

(1)高速钢(W18Cr4V)

铸态组织:高速钢的铸态组织中有大量的莱氏体,莱氏体中的碳化物呈鱼骨骼状,这些碳化物粗大且分布不均匀,因而很脆,致使高速钢既易崩刃又易磨损变钝,导致早期失效。这些粗大的碳化物用热处理的方法很难消除,只能用锻造的方法将其击碎,使碳化物细化并均匀分布。其组织为共晶莱氏体(白色骨骼状是碳化物)+马氏体(白色)+残余奥氏体(白色)+屈氏体(黑色),如图1(a)所示。

退火组织:索氏体+合金碳化物(白色块状),如图1(b)所示。

淬火组织:高速钢的淬火加热温度为1270~1280℃,淬火温度之所以取这么高,是因为其热硬性主要取决于合金元素的含量,即高温加热时溶入奥氏体中的合金元素含量。淬火后的组织为隐针马氏体+块状碳化物+较多的残余奥氏体。由于淬火后的马氏体和残余奥氏体中合金元素含量较高,组织的抗腐蚀能力很强,腐蚀后仅能显示出块状合金碳化物和原奥氏体晶界,如图1(c)所示。

回火组织:多次回火后为回火马氏体(黑色)+少量残余奥氏体+碳化物(白色小颗粒),如图1(d)所示。

(2)不锈钢(1Cr18Ni9Ti)

奥氏体不锈钢是应用最广泛的不锈钢,这类钢中最具有代表性的是18-8型铬镍不锈钢。奥氏体不锈钢的退火态组织是奥氏体和少量的碳化物。碳化物的存在,对钢的耐腐蚀性有很大的损伤,故通常采用固溶处理。将钢加热至1100℃左右,让所有的碳化物全部溶入奥氏体,然后水淬快冷,以获得单相奥氏体组织。图2为1Cr18Ni9Ti经固溶处理后的显微组织,晶粒中可看到平行孪晶线。

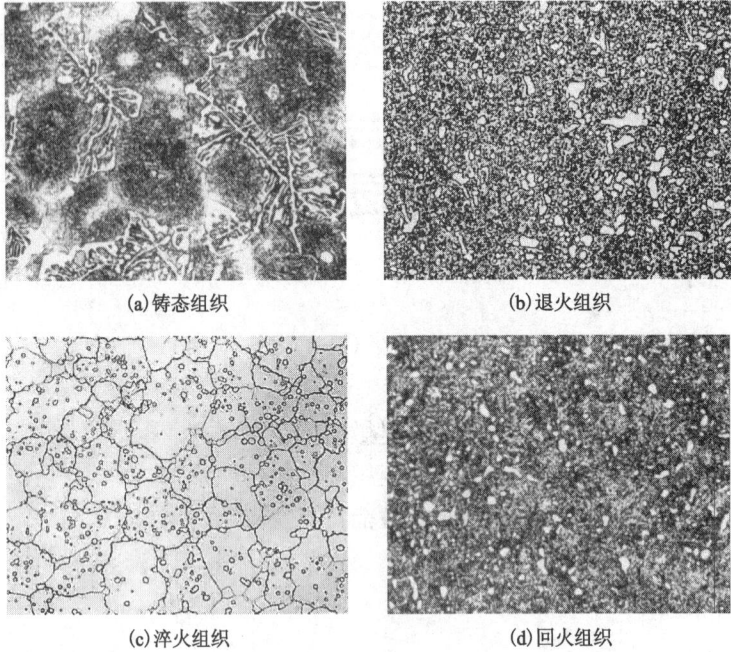

(a)铸态组织

(b)退火组织

(c)淬火组织

(d)回火组织

图1　W18Cr4V 不同处理状态的显微组织

图2　1Cr18Ni9Ti 经固溶处理后的显微组织

2. 铸铁的显微组织及特征

（1）灰铸铁

石墨呈片状，基体有铁素体、铁素体+珠光体、珠光体三种，如图3所示。

（2）球墨铸铁

石墨呈球状，基体有铁素体、铁素体+珠光体、珠光体三种，如图4所示。

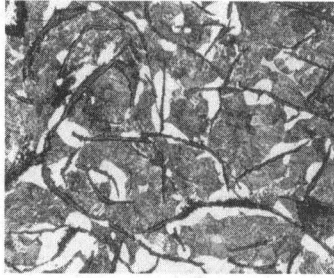

(a)铁素体+片状石墨　　　　　　(b)铁素体+珠光体+片状石墨　　　　　　(c)珠光体+片状石墨

图 3　灰铸铁显微组织

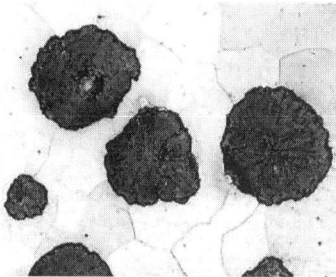

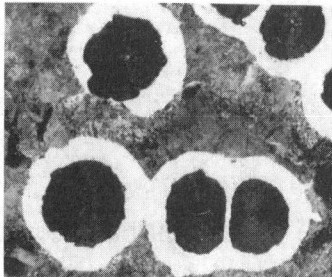

(a)铁素体+球墨铸铁　　　　　　(b)铁素体+珠光体+球墨铸铁　　　　　　(c)珠光体+球墨铸铁

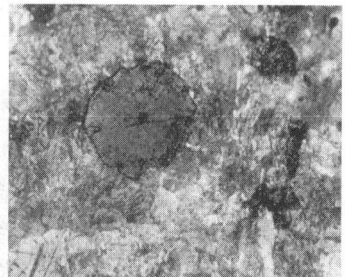

图 4　球墨铸铁显微组织

（3）可锻铸铁

石墨呈团絮状，基体有铁素体、珠光体两种，如图 5 所示。

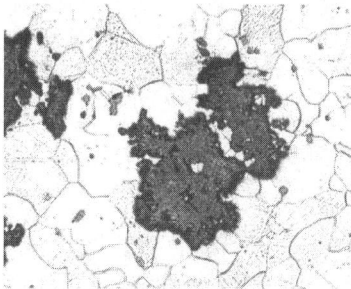

(a)铁素体+可锻铸铁　　　　　　　　　　(b)珠光体+可锻铸铁

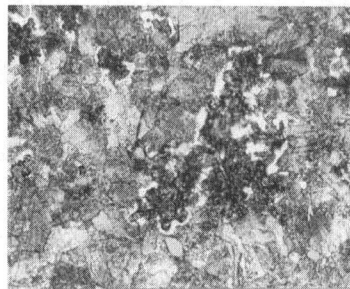

图 5　可锻铸铁显微组织

（4）蠕墨铸铁

石墨形态介于片状和球状之间，短而厚，头部较圆，形似蠕虫状，基体有铁素体、珠光体两种，如图 6 所示。

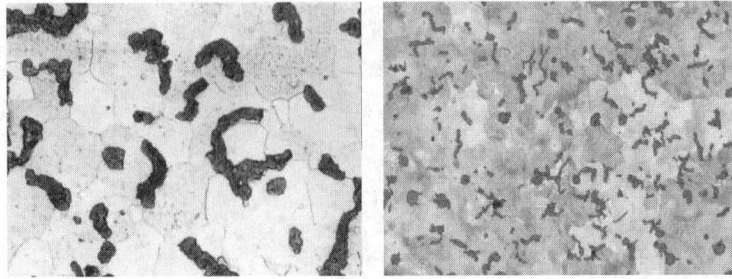

(a)铁素体+蠕墨铸铁　　　　　　(b)珠光体+蠕墨铸铁

图6　蠕墨铸铁显微组织

3. 常用有色合金的显微组织及特征

（1）铝合金

铝硅合金是广泛应用的一种铸造铝合金，俗称硅铝明，其成分接近共晶成分，铸造性能好。在普通铸造条件下，组织几乎全部为共晶体，由粗针状的硅晶体和 α 固溶体组成，如图7(a)所示。这种组织的机械性能很差。为了改善合金的性能，生产上通常用钠盐变质剂进行变质处理，获得亚共晶组织 α+(α+Si)，如图7(b)所示。由于合金结晶时产生了大量的结晶核心，从而细化了晶粒，使合金的强度和塑性提高。

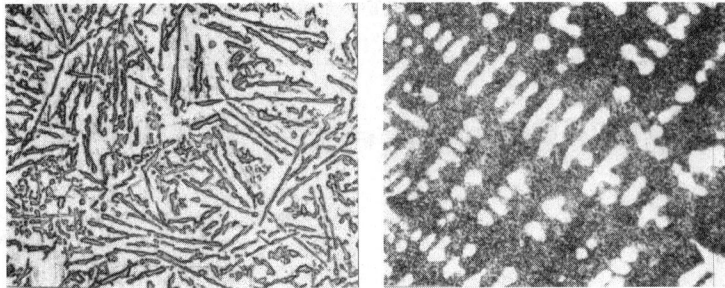

(a)未变质处理　　　　　　　　(b)变质处理后

图7　硅铝明显微组织

（2）铜合金

黄铜为铜锌合金。普通黄铜按其退火组织可分为单相黄铜和双相黄铜。常用单相黄铜为含锌30%的H70，在铸态下为单相 α 固溶体，故称为单相黄铜，其组织如图8(a)所示。含锌39%~45%的黄铜，其显微组织为 α+β′，故称为双相黄铜，如图8(b)所示。

（3）轴承合金

工业上常用的轴承合金是锡基轴承合金、铅基轴承合金，又称巴氏合金。

锡基轴承合金：是以锡为主并加入少量锑、铜等元素组成的合金，熔点较低，是软基体硬质点组织类型的轴承合金；典型牌号为 ZSnSb11Cu6，其显微组织为 α+β′+Cu_3Sn，图9中

142

(a)单相黄铜　　　　　　　　　　(b)双相黄铜

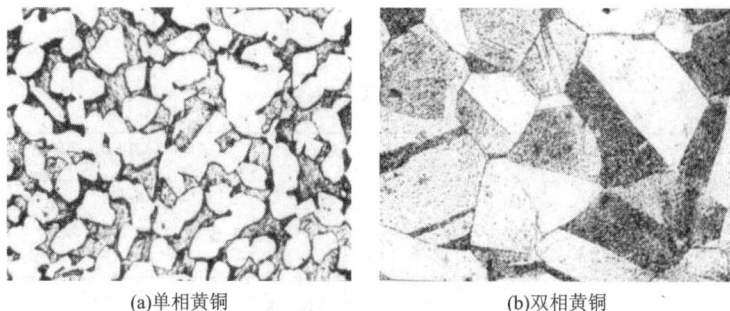

图 8　铜合金显微组织

黑色部分(基体)为 α 固溶体，白色方块或三角形块为硬质点 β′相，白针状、白星状或放射状是硬骨分布的 Cu_3Sn。

铅基轴承合金：是以铅为主加入少量锑、锡、铜等元素的合金，也是软基体硬质点型轴承合金，典型牌号为 ZPbSb16Sn16Cu2，其显微组织为 (α+β)+β。(α+β) 共晶体为软基体，β 为以 SnSb 化合物为基体的固溶体，呈方块状或三角状，是硬质点，加入 2% Cu 可形成白针状的 Cu_2Sb 或白色星状的 Cu_6Sn_5，并起硬质点作用，如图 10 所示。

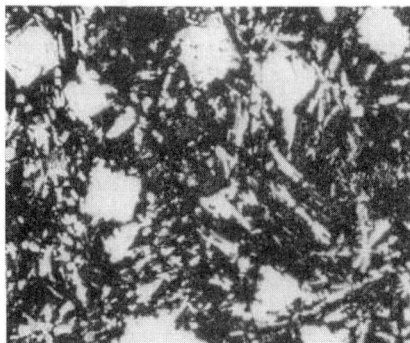

图 9　ZSnSb11Cu6 显微组织

图 10　ZPbSb16Sn16Cu2 显微组织

三、实验内容

观察分析常用合金钢、铸铁及有色合金的显微组织，了解其组织形态及特征。

四、实验设备及材料

①光学金相显微镜数台。
②合金钢、铸铁及有色合金的显微组织试样数套。
③各类材料的金相图谱。

五、实验记录(表1)

表1 显微组织特征

材料	编号	名称	热处理状态	金相显微组织主要特征
合金钢	1	高速钢(W18Cr4V)	铸态	
	2	高速钢(W18Cr4V)	退火	
	3	高速钢(W18Cr4V)	淬火	
	4	高速钢(W18Cr4V)	回火	
	5	不锈钢(1Cr18Ni9Ti)	固溶处理	
铸铁	6	F 灰铸铁	铸态	
	7	F+P 灰铸铁	铸态	
	8	P 灰铸铁	铸态	
	9	F 球墨铸铁	铸态	
	10	F+P 球墨铸铁	铸态	
	11	P 球墨铸铁	铸态	
	12	F 可锻铸铁	退火	
	13	P 可锻铸铁	退火	
	14	F 蠕墨铸铁	铸态	
	15	P 蠕墨铸铁	铸态	
有色合金	16	铝硅合金	铸态	
	17	铝硅合金	变质处理	
	18	单相黄铜	退火	
	19	双相黄铜	退火	
	20	锡基轴承合金	铸态	
	21	铅基轴承合金	铸态	

六、实验报告要求

①写出实验目的。
②分析灰铸铁中的石墨形态与性能的关系。
③分析高速钢 W18Cr4V 加工工艺与组织和性能之间的关系。
④分析铝硅合金进行变质处理的原因。

（二）实验报告

实验一　材料的硬度测试实验报告

专业班级：　　　　　姓名：　　　　　学号：

同组人：　　　　　　时间：　　　　　地点：

指导老师：

一、实验目的

二、实验设备及材料

三、实验内容及操作步骤

四、实验讨论

（1）对比分析三种硬度测试方法的异同点。

（2）说明三种硬度测试方法选用的基本原则。

五、实验记录（表1~表3）

表1　布氏硬度测定数据记录表

实验材料及热处理状态	试验规范				测定结果			硬度值
					压痕直径 d/mm			
	硬度符号	球体直径 D/mm	试验力 F /N 或 kgf	试验力保持时间 /s	第一次	第二次	平均值	

表2　洛氏硬度测定数据记录表

实验材料及热处理状态	试验规范			测定结果			硬度平均值
	硬度符号	压头类型	载荷 /N 或 kgf	第一次	第二次	第三次	

表3　维氏硬度测定数据记录表

实验材料及热处理状态	试验规范			测定结果			硬度值
				对角线长度			
	硬度符号	压头类型	载荷 /N 或 kgf	水平方向	垂直方向	平均值	

147

实验二　铁碳合金平衡组织的观察与分析实验报告

专业班级：　　　　姓名：　　　　学号：
同组人：　　　　　时间：　　　　地点：
指导老师：

一、实验目的

二、实验设备及材料

三、实验内容

四、实验讨论

（1）分析碳含量对铁碳合金平衡组织及性能的影响规律。
（2）以所观察的某一样品为例，分析其结晶过程，并计算室温下各组织组成物的相对量。

五、实验记录

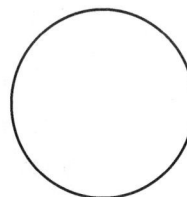

材料牌号：＿＿＿＿＿＿＿＿
处理状态：＿＿＿＿＿＿＿＿
浸蚀剂：＿＿＿＿＿＿＿＿＿
放大倍数：＿＿＿＿＿＿＿＿

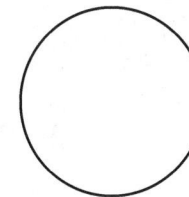

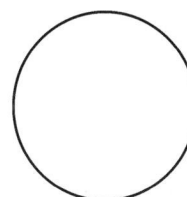

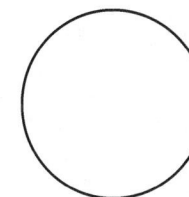

材料牌号：＿＿＿＿＿＿＿＿
处理状态：＿＿＿＿＿＿＿＿
浸蚀剂：＿＿＿＿＿＿＿＿＿
放大倍数：＿＿＿＿＿＿＿＿

材料牌号：＿＿＿＿＿＿＿＿
处理状态：＿＿＿＿＿＿＿＿
浸蚀剂：＿＿＿＿＿＿＿＿＿
放大倍数：＿＿＿＿＿＿＿＿

材料牌号：＿＿＿＿＿＿＿＿
处理状态：＿＿＿＿＿＿＿＿
浸蚀剂：＿＿＿＿＿＿＿＿＿
放大倍数：＿＿＿＿＿＿＿＿

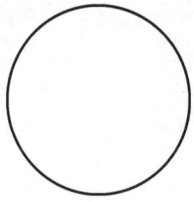

材料牌号：_____
处理状态：_____
浸蚀剂：_____
放大倍数：_____

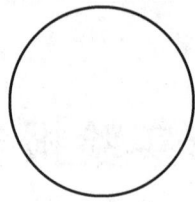

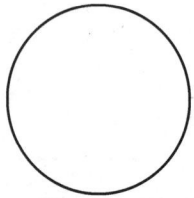

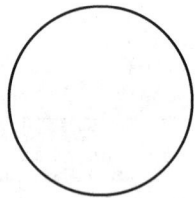

材料牌号：_____
处理状态：_____
浸蚀剂：_____
放大倍数：_____

材料牌号：_____
处理状态：_____
浸蚀剂：_____
放大倍数：_____

材料牌号：_____
处理状态：_____
浸蚀剂：_____
放大倍数：_____

实验三　钢的普通热处理实验报告

专业班级：　　　　姓名：　　　　学号：
同组人：　　　　　时间：　　　　地点：
指导老师：

一、实验目的

二、实验设备及材料

三、实验内容及操作步骤

四、实验记录（表1）

表1　热处理工艺及硬度测试记录

钢号	热处理工艺			硬度值/HRC 或 HBW			
	加热温度/℃	冷却方式	回火温度/℃	1	2	3	平均
45	860	炉冷					
		空冷					
		水冷					
		水冷	200				
		水冷	400				
		水冷	600				
	750	水冷					
T12	750	炉冷					
		空冷					
		水冷					
		水冷	200				
		水冷	400				
		水冷	600				
	860	水冷					

五、实验讨论

（1）分析含碳量、淬火温度、冷却方式及回火温度对碳钢性能的影响，说明硬度变化的原因。

（2）为什么淬火–回火是不可分割的工序？确定工件回火温度规范的依据是什么？

151

实验四 钢的热处理及组织性能分析

专业班级：　　　　　姓名：　　　　　学号：
同组人：　　　　　　时间：　　　　　地点：
指导老师：

一、实验目的

二、实验设备及材料

三、实验内容及操作步骤

四、实验记录（表1）

表1 热处理实验记录

材料与工艺参数	热处理前	热处理后	
材料牌号： 淬火	硬度：	淬火硬度：	回火硬度：
加热温度： 保温时间：	组织：	淬火组织：	回火组织：
冷却介质： 回火 加热温度： 保温时间： 冷却介质：	示意图： 〇	示意图： 〇	〇
材料牌号： 淬火	硬度：	淬火硬度：	回火硬度：
加热温度： 保温时间：	组织：	淬火组织：	回火组织：
冷却介质： 回火 加热温度： 保温时间： 冷却介质：	示意图： 〇	示意图： 〇	〇

153

五、实验讨论

(1)根据热处理原理，分析热处理前后的组织变化情况，对比热处理前后的硬度值，分析硬度值变化的原因。

(2)本次实验的体会。

实验五　典型合金钢、铸铁及有色合金的显微组织观察实验报告

专业班级：　　　姓名：　　　学号：
同组人：　　　　时间：　　　地点：
指导老师：

一、实验目的

二、实验设备及材料

三、实验内容及操作步骤

四、实验讨论

（1）分析灰铸铁中的石墨形态与性能的关系。
（2）分析高速钢 W18Cr4V 加工工艺与组织和性能之间的关系。
（3）分析铝硅合金进行变质处理的原因。

五、实验记录（表1）

表1　显微组织特征

材料	编号	名称	热处理状态	金相显微组织主要特征
合金钢	1	高速钢（W18Cr4V）	铸态	
	2	高速钢（W18Cr4V）	退火	
	3	高速钢（W18Cr4V）	淬火	
	4	高速钢（W18Cr4V）	回火	
	5	不锈钢（1Cr18Ni9Ti）	固溶处理	
铸铁	6	F 灰铸铁	铸态	
	7	F+P 灰铸铁	铸态	
	8	P 灰铸铁	铸态	
	9	F 球墨铸铁	铸态	
	10	F+P 球墨铸铁	铸态	
	11	P 球墨铸铁	铸态	
	12	F 可锻铸铁	退火	
	13	P 可锻铸铁	退火	
	14	F 蠕墨铸铁	铸态	
	15	P 蠕墨铸铁	铸态	
有色合金	16	铝硅合金	铸态	
	17	铝硅合金	变质处理	
	18	单相黄铜	退火	
	19	双相黄铜	退火	
	20	锡基轴承合金	铸态	
	21	铅基轴承合金	铸态	

第五部分

模拟试卷

《机械工程材料》模拟试卷一

大题号	一	二	三	四	五	六	总分
得 分							
阅卷人							

一、名词解释（10分，每题2分）

1. 晶格——

2. 屈服强度——

3. 共晶反应——

4. 淬透性——

5. 合金钢——

二、填空题（20分，每空1分）

1. 位错的两种基本类型为＿＿＿＿＿＿＿和＿＿＿＿＿＿＿。

2. 按溶质原子在溶剂晶格中所占的位置不同，固溶体可分为＿＿＿＿和＿＿＿＿固溶体。

3. 珠光体是＿＿＿＿＿和＿＿＿＿＿的机械混合物，用符号＿＿＿＿表示，其组织形貌为＿＿＿＿，具有较高的＿＿＿＿和＿＿＿＿等力学性能。

4. 常温下T8钢的平衡状态组织为＿＿＿＿＿＿，加热到780℃时经保温一段时间为＿＿＿＿＿＿组织，经水冷后组织为＿＿＿＿＿＿。

5. 热处理是将钢在固态下＿＿＿＿＿、＿＿＿＿＿＿和＿＿＿＿＿＿，以改变钢的组织结构，从而获得所需性能的一种工艺。

6. 现代制造业选用材料应尽可能同时满足材料的＿＿＿＿＿＿、＿＿＿＿＿＿和＿＿＿＿＿＿。

三、选择题（10分，每题2分）

1. 为提高45钢的综合机械性能而进行＿＿＿＿＿＿。

A.退火　　　B.正火　　　　C.淬火+中温回火　　D.调质

2. W18Cr4V的淬火及回火温度一般为＿＿＿＿＿＿。

A. 780~800℃、500~600℃　　　　B. 840~860℃、400~500℃

C. 1250~1280℃、150~250℃　　　D. 1250~1280℃、550~600℃

3. 纯铁在室温下的晶体结构为＿＿＿＿＿＿。

A. 体心立方　　B. 面心立方　　C. 密排六方　　D. 体心正方

4. 某工件要求具有良好的综合性能，但表面又要求具有高硬度和高耐磨性，应选用的材料及热处理方法为＿＿＿＿＿＿。

A. 60Si2Mn钢，经淬火后中温回火

B. 45钢，经正火、表面淬火、低温回火

C. 20CrMnTi钢，经正火、渗碳、淬火、低温回火

D. 9SiCr，经淬火后低温回火

5. 在设计拖拉机缸盖螺钉时应选用的强度指标是＿＿＿＿＿＿。

A. R_m　　　　B. R_e　　　　C. $R_{r0.2}$　　　　D. R_p

四、是非判断题（10分，每题1分）

（　　）1. 晶粒愈细，晶界面愈多，故强度、硬度愈高，而塑性、韧性愈低。

（　　）2. 锻造后的零件毛坯应进行退火或正火处理。

（　　）3. 钢中的碳含量增加，其强度和硬度也提高。

（　　）4. 通常调质钢要进行淬火和低温回火处理。

（　　）5. 杠杆定律只适用于相图中的两相区。

（　　）6. 单晶体具有各向异性，因此实际使用的所有金属晶体材料在各个方向上的性能是不同的。

（　　）7. 钢的淬透性主要取决于临界冷却速度，即取决于过冷奥氏体的稳定性。

（　　）8. 在1148℃时，奥氏体的含碳量都为2.11%。

（　　）9. 钢中的合金元素含量越高，其淬透性越好。

（　　）10. 钢的高温回火脆性不可避免。

五、解释下列现象（15分，每题5分）

1. 从经济性、能源利用等角度出发，可以优先考虑以正火代替退火。

2. 钢和生铁都是铁碳合金，钢能进行锻造和冲压成形，但生铁不能进行锻造和冲压成形，而只能用来铸造成形。

3. 合金刃具钢比碳素刃具钢的热硬性要高得多。

六、综合题(35分)

1. 根据下表列出的各工件名称及其性能要求，从所给材料牌号中选出正确的材料，并标明其最终热处理方法。(10分，每空1分)

供选材料牌号：20CrMnTi、Cr12MoV、20、40Cr、T12。

工件名称	性能要求	选用材料	热处理方法
自行车车架	焊接性好		
连杆	良好的综合性能		
汽车变速齿轮	表面高硬度和耐磨性，心部有足够的强度和韧性		
钳工锉刀	高硬度和高耐磨性		
冲孔落料模	高硬度和高耐磨性及足够的强度和韧性		

2. 已知铁素体硬度 HB＝80，渗碳体的硬度 HB＝800，根据两相混合物的合金性能变化规律，试估算 T8 钢(P)和 45 钢的大致硬度。(10分)

3. 精密镗床主轴(ϕ60 mm)，工作时要求高的精度和高的尺寸稳定性，在滑动轴承中运转，轴颈部位应有极高的耐磨性(表面硬度 62～65 HRC)。现仓库有 35、W6Mo5Cr4V2、38CrMoAl、30Cr13、ZG100Mn13 等几种钢。(15分)

(1) 选择合适的钢材；

(2) 安排合适的制造工艺路线；

(3) 说明各热处理工序的主要目的。

《机械工程材料》模拟试卷二

大题号	一	二	三	四	五	六	总分
得　分							
阅卷人							

一、名词解释（10 分，每题 2 分）

1. 晶体——

2. 强度——

3. 共析反应——

4. 奥氏体——

5. 调质处理——

二、填空题（20 分，每空 1 分）

1. 碳钢按钢中的含碳量可分为＿＿＿＿＿＿、＿＿＿＿＿＿和＿＿＿＿＿＿。

2. 塑性变形的方式有两种：一是＿＿＿＿＿＿，二是＿＿＿＿＿＿。

3. 金属的晶体结构类型主要有＿＿＿＿＿＿、＿＿＿＿＿＿和＿＿＿＿＿＿；
   晶胞中原子平均数分别为＿＿＿＿＿＿、＿＿＿＿＿＿和＿＿＿＿＿＿；
   原子半径分别为＿＿＿＿＿＿、＿＿＿＿＿＿和＿＿＿＿＿＿；
   致密度分别为＿＿＿＿＿＿、＿＿＿＿＿＿和＿＿＿＿＿＿。

4. 普通热处理一般不改变零件的＿＿＿＿＿＿和＿＿＿＿＿＿，但却改变其＿＿＿＿＿＿，从而改变其性能。

三、选择题（10 分，每题 2 分）

1. 二元合金在固态下基本相为＿＿＿＿＿＿。

A. 固溶体+机械混合物　　　　B. 固溶体+金属间化合物

C. 金属间化合物+机械混合物　　D. 固溶体

2. 45 钢的淬火加热温度应为＿＿＿＿＿＿。

A. 760~810℃　　　　　　　　B. 830~850℃

C. 870~920℃　　　　　　　　D. 727℃

3. 两种元素组成的固溶体，则固溶体的晶体结构＿＿＿＿＿＿。

A. 与溶剂相同　　　　　　　　B. 与溶质相同

C. 与溶剂，溶质都不相同　　　D. 是两种元素各自结构的混合体

4. 制造车辆变速齿轮，毛坯应采用＿＿＿＿＿＿。

A. 由钢水浇注成齿轮　　　　　B. 由厚钢板切割下圆饼

C. 由圆钢棒锯下圆饼　　　　　D. 由圆钢棒下料热锻成圆饼

5. 在共析成分的钢中，室温下：$F/Fe_3C = $＿＿＿＿＿＿。

A. $\dfrac{6.69-0.77}{0.77-0.0008}$　　　　　　B. $\dfrac{6.69-0.77}{6.69-0.0218}$

C. $\dfrac{0.77-0.0008}{6.69-0.77}$　　　　　　D. $\dfrac{6.69-0.77}{6.69-0.0008}$

四、是非判断题（10 分，每题 1 分）

（　　）1. 45 钢的含碳量为 4.5% 左右。

（　　）2. 随回火温度的提高，钢的强度和硬度下降，塑性和韧性提高。

（　　）3. 加工硬化可用来强化那些不能用热处理方法强化的金属。

（　　）4. 晶胞是从晶格中选取的最小几何单元。

（　　）5. 金属晶体的配位数越大，其致密度也越高。

（　　）6. 液体变固体的过程称为结晶过程。

（　　）7. 不论碳含量高低，马氏体都是硬而脆的。

（　　）8. 钢铁材料是铁碳合金的总称，所以钢铁材料中只有铁与碳两种元素。

（　　）9. 硫、磷等杂质元素是钢中的有害元素，对钢材没有任何好处。

（　　）10. 由于灰口铸铁具有良好的铸造性能和减振性能，在机械工业中常用来铸造机座、床身。

五、解释下列现象（15 分，每题 5 分）

1. 与纯金属相比，固溶体的强度、硬度高，而塑性、韧性低。

2. 捆扎物体一般用 08 铁丝，而吊车、起重机的吊绳一般用 65 钢丝。

3. 喷丸处理可以强化工件的表面。

六、综合题(35 分)

1. 根据下表列出的各工件名称及其性能要求，从所给材料牌号中选出正确的材料，并标明其最终热处理方法。(10 分)

供选材料牌号：60Si2Mn、HT200、06Cr18Ni11Ti、GCr15、45。

工件名称	性能要求	选用材料	热处理方法
滚动轴承	高硬度高耐磨		
不锈钢焊芯	可焊接性好，与母材成分接近		
机床齿轮	表面高硬度和耐磨性，心部有足够的强度和韧性		
减速器箱体	足够的强度与刚性，较好的抗振性		
钢板弹簧	高弹性极限与屈强比，耐疲劳		

2. 分别画出工业纯铁、20、45、T8、T12 钢退火后(即平衡组织)的金相组织示意图，并标出组织组成物代号。(10 分)

3. 扳手热锻模，要求具有较高的强度、足够的硬度和韧性，还必须具有高的淬透性、回火稳定性、抗热疲劳性、导热性及足够的耐磨性，现仓库有 55、40Cr、GCr15、5CrMnMo、Cr12MoV、W18Cr4V 等几种钢。(15 分)

(1) 请选择合适的材料；

(2) 安排制造工艺路线；

(3) 说明各热处理工序的主要目的。

《机械工程材料》模拟试卷三

大题号	一	二	三	四	五	六	总分
得 分							
阅卷人							

一、名词解释(10分,每题2分)

1.晶胞——

2.韧性——

3.珠光体——

4.淬硬性——

5.合金——

二、填空题(20分,每空1分)

1.在金属学中,冷热加工的界限是以_____来划分的。因此,铜(熔点为1084℃)在室温下的变形加工为_____加工;锡(熔点为232℃)在室温下的变形加工为_____加工。

2.金属在结晶过程中,获得细晶粒的主要方法有_____、_____和_____。

3.常用的热处理工艺有_____、_____、_____和_____。

4.碳钢按钢的质量可分为_____、_____和_____。

5.当钢以大于临界冷却速度连续冷却时,奥氏体迅速转变成_____,它是_____在_____中的过饱和固溶体,其晶格类型为_____。

6.根据测量方法不同,常用的硬度指标有_____、_____和_____。

三、选择题(10分,每题2分)

1.T12钢做锉刀时,常采用的热处理方法是_____。

A.退火、调质、淬火、低温回火

B.正火、球化退火、淬火

C.淬火、低温回火

D.球化退火、淬火、低温回火

2.高锰钢是常用的耐磨钢,其热处理方法是_____。

A.扩散退火　　　B.表面淬火　　　C.水韧处理　　　D.调质处理

3.纯金属的同素异构转变伴随着体积的变化,其主要原因是_____。

A.晶粒度发生变化　　　　　　　B.过冷度发生变化

C.致密度发生变化　　　　　　　D.溶解度发生变化

4.室温下,45钢中珠光体的相对重量百分比为_____。

A.$\dfrac{0.45-0.0008}{0.77-0.0008}\times100\%$　　　　B.$\dfrac{0.45-0.0008}{2.11-0.0008}\times100\%$

C.$\dfrac{0.45-0.0008}{4.30-0.0008}\times100\%$　　　　D.$\dfrac{0.45-0.0008}{6.69-0.0008}\times100\%$

5.高级优质钢是_____。

A.GCr15　　　B.40Cr　　　C.5CrNiMo　　　D.T13A

四、是非判断题(10分,每题1分)

(　　) 1.钢的碳含量增加,钢的淬硬性提高。

(　　) 2.T12自高温冷至室温其相组成物为$P+Fe_3C_{II}$。

(　　) 3.滚动轴承钢只能用于制造滚珠轴承,刃具钢只能制造刃具。

(　　) 4.在相同含碳量的情况下,合金钢的性能优于碳素钢。

(　　) 5.冷变形金属在加热过程中的回复与再结晶为相变过程。

(　　) 6.纯铁的同素异构转变是钢铁材料能够进行热处理的内因和依据。

(　　) 7.在铁碳合金中,铁素体是其中的一个基本相。

(　　) 8.含碳量4.3%的铁碳合金从液态冷至1148℃发生共晶转变形成莱氏体。

(　　) 9.钢中的含磷量增加,其热脆性增加。

(　　) 10.固溶体的强度和硬度比其溶剂金属的强度和硬度高。

五、解释下列现象（15分，每题5分）

1. 车用结构材料的轻量化有利于节能减排。

2. 俗话说：打铁要趁热。

3. 高速钢的热处理工艺中，淬火后一般要经过三次高温回火。

六、综合题（35分）

1. 用45钢制直径为$\phi20$ mm的传动轴，工作时速度较高且承受冲击载荷，轴颈部分要求耐磨，硬度约55 HRC，其生产工艺路线如下：

下料→锻造→热处理①→粗加工→热处理②→半精加工→热处理③→热处理④→精加工→检验。

请说明各热处理工序的名称和目的。（12分）

2. 现有两种铁碳合金，在显微镜上观察其组织，并以面积分数评定各组织的相对量。一种合金的珠光体占75%，铁素体占25%；另一种合金的显微组织中珠光体占92%，二次渗碳体占8%。这两种铁碳合金各属于哪一类合金？其碳的质量分数各为多少？（8分）

3. 分析碳的质量分数对铁碳合金组织和性能的影响。（15分）

《机械工程材料》模拟试卷四

大题号	一	二	三	四	五	六	总分
得　分							
阅卷人							

一、名词解释（10分，每题2分）

1. 多晶体——

2. 淬硬性——

3. 铁素体——

4. 过冷度——

5. 加工硬化——

二、填空题（20分，每空1分）

1. 金属材料的四种强化方式为_____、_____、_____和_____。

2. 18Cr2Ni4WA属于合金结构钢，其中数字18表示_____，数字2表示_____，数字4表示_____，字母A表示_____。

3. 纯铁在固态下有_____和_____两种晶格类型，其中：在912℃以下及1394~1538℃为_____结构，分别称为_____Fe和_____Fe；在912~1394℃为_____结构，称为_____Fe。

4. 欲使共析钢具有索氏体组织，应采用_____处理；欲使共析钢具有回火索氏体组织，应采用_____处理方法。

5. 实际金属中存在_____、_____和_____三类缺陷。

三、选择题（10分，每题2分）

1. 用20Cr钢制造的齿轮应采用_____热处理方法。

A 渗碳+淬火+回火　　　　　　B. 渗硼

C. 氮化　　　　　　　　　　　D. 高频淬火

2. 调质的目的是_____。

A. 提高硬度

B. 改善切削性能

C. 获得强度、硬度、塑性、韧性都较好的综合性能

D. 以上选项都不是

3. 平衡状态的60钢加热到700℃保温后水冷至室温得到的组织是_____。

A. 马氏体+残余奥氏体　　　　　B. 珠光体+铁素体

C. 托氏体　　　　　　　　　　D. 马氏体

4. 在面心立方晶格中，原子密度最大的晶面是_____。

A.（100）　　B.（110）　　C.（111）　　D.（010）

5. 马氏体的硬度主要取决于_____。

A. 过冷奥氏体的冷却速度　　　　B. 过冷奥氏体的转变温度

C. 马氏体的含碳量　　　　　　　D. 钢的淬火加热温度

四、是非判断题（10分，每题1分）

（　　）1. 金属材料都可以用热处理来强化。

（　　）2. 同牌号的钢回火温度愈高，回火后组织硬度就愈高。

（　　）3. 共析钢经等温淬火可获得下贝氏体组织。

（　　）4. 武汉长江大桥用Q235钢修建，而南京长江大桥用16Mn钢修建，虽然16Mn钢比Q235钢价格高，但采用16Mn钢还是很经济的。

（　　）5. 陶瓷材料是非金属材料中的一种。

（　　）6. 在铁碳合金相图中，只有钢在结晶时才发生共析反应，而生铁只发生共晶反应，而无共析转变发生。

（　　）7. 间隙固溶体和置换固溶体均可形成无限固溶体。

（　　）8. 冷变形金属在加热时的再结晶不需要重新形成结晶核心。

（　　）9. 在727℃时，铁素体的含碳量都为0.0218%。

（　　）10. 在铁碳合金中，珠光体的平均含碳量是恒定的（0.77%）。

五、解释下列现象（15 分，每题 5 分）

1. 同一成分合金，晶粒愈细，机械性能愈好。

2. 在铁碳合金系列中，含碳量愈高，其硬度也愈高，但塑性、韧性也就愈差。

3. 轴类、齿轮类零件通常需要"表硬里韧"。

六、综合题（35 分）

1. 现有一批材料，请为下列零件选择最合适的材料，写在相应零件名称后面，并标明其最终热处理方法。（10 分）

Q235；40Cr；60Si2Mn；GCr15；30Cr13；T10；Cr12MoV；ZG100Mn13；9SiCr；W18Cr4V。

(1)螺母：

(2)螺旋弹簧：

(3)手术刀：

(4)滚动轴承：

(5)锯条：

2. 根据铁碳合金相图，分别计算室温与共析温度下珠光体（P）中各相的重量百分比。（10 分）

3. 从经济性、能源利用等角度分析，为什么在可能的条件下应优先考虑以正火代替退火？对低、中、高碳钢的退火与正火如何选择？（15 分）

《机械工程材料》模拟试卷五

大题号	一	二	三	四	五	六	总分
得 分							
阅卷人							

一、名词解释（10分，每题2分）

1. 硬度——

2. 相——

3. 同素异构转变——

4. 过冷奥氏体——

5. 正火——

二、填空题（20分，每空1分）

1. 金属在结晶过程中，冷却速度越快，过冷度就越_____，晶粒越_____，强度和硬度越_____，塑性越_____。

2. 低合金钢、中合金钢和高合金钢中，合金元素的总含量范围分别是_____、_____和_____。

3. 金属材料的机械性能主要有_____、_____、_____和_____四个性能指标。

4. 普通热处理一般不改变零件的_____和_____，但却改变其_____，从而改变其性能。

5. 将20、45、T9钢加热到各自的淬火温度时，其奥氏体（A）的含碳量分别为_____、_____、_____，然后淬火得到的淬火组织马氏体的含碳量分别为_____、_____、_____。

三、选择题（10分，每题2分）

1. 纯金属在结晶时，实际结晶温度_____。
A. 低于熔点 T_0 B. 高于熔点 T_0 C. 等于溶点 T_0

2. 影响钢的淬透性因素是_____。
A. 钢的淬火温度   B. 钢的临界冷却速度 V_k
C. 工件尺寸大小   D. 钢的含碳量

3. 在体心立方晶格中，原子密度最大的晶面是_____。
A.（100）   B.（110）   C.（111）   D.（010）

4. 在下列方法中可使晶粒细化的是_____。
A. 扩散退火   B. 切削加工   C. 喷丸处理   D. 变质处理

5. 金属在冷塑性变形中，变形量增加，金属的_____。
A. 强度下降，塑性提高   B. 强度和塑性都下降
C. 强度和塑性都提高   D. 强度提高，塑性下降

四、是非判断题（10分，每题1分）

（　）1. 纯金属的实际结晶温度与其冷却速度有关。

（　）2. 在铁碳合金中，只有共析钢（含碳量0.77%）结晶至727℃时，才发生共析转变，形成珠光体（P）。

（　）3. 20钢经冷轧后（变形量为60%）具有各向异性。

（　）4. 合金元素均在不同程度上有细化晶粒的作用。

（　）5. 在铁碳合金中，珠光体是合金中的一个基本相。

（　）6. 在铁碳合金中，铁素体的含碳量是恒定不变的。

（　）7. 40MnB钢是合金调质钢，16Mn钢是优质碳素结构钢，GCr15钢中含铬量为15%左右，12Cr13钢含碳量为1%左右，W18Cr4V钢含碳量>1%。

（　）8. 间隙固溶体是有限固溶体，因此溶质原子在溶剂晶格中的含量为一定值。

（　）9. 弹簧淬火处理后一般都采用高温回火，因为经高温回火后弹性极限最好。

（　）10. 冷却速度应根据钢种和热处理要求而定。

五、解释下列现象 (15 分，每题 5 分)

1. 在冷拔钢丝时，如果变形量很大则中间须穿插几次退火工序。

2. 锻造时一般要将钢加热到高温 (1000~1250℃) 下进行。

3. 形变热处理是一种高效、经济的复合强韧化处理工艺。

六、综合题 (35 分)

1. 根据下表列出的各工件名称及其性能要求，从所给材料牌号中选出正确的材料，并标明其最终热处理方法。(10 分)

供选材料牌号：GCr15、W6Mo5Cr4V2、1Cr18Ni9Ti、65、40Cr。

工件名称	性能要求	选用材料	热处理方法
弹簧垫圈	较高强度与弹性极限		
滚动轴承	高硬度和耐磨性， 高的接触疲劳强度		
汽车半轴	良好的综合性能，高疲劳强度， 高表面硬度和耐磨性		
化工容器	耐腐蚀、耐热， 塑性、韧性和焊接性好		
麻花钻	高硬度，高热硬性， 耐磨性、热塑性和韧性较好		

2. 何为热硬性 (红硬性)？为什么 W18Cr4V 钢在回火时出现二次硬化现象？65 钢淬火后硬度为 60~62 HRC，为什么不能制造车刀等要求耐磨的工具？(10 分)

3. 画出 Fe-C 合金相图，并标出以下内容。(15 分)

(1) 共晶点、碳在 γ-Fe 中的最大溶解度、纯铁的同素异晶转变点、共析点与碳在 α-Fe 中的最大溶解度成分点；

(2) 固相线、共晶线、A_1 线、A_{cm} 线与 A_3 线；

(3) 室温下的组织组成物。

参考文献

［1］董丽君，司家勇.机械工程材料［M］.长沙：中南大学出版社，2022.

［2］于永泗，齐民.机械工程材料［M］.大连：大连理工大学出版社，2010.

［3］谭家骏.金属材料及热处理专业知识解答［M］.北京：国防工业出版社，1997.

［4］朱征.工程材料实验报告及习题集［M］.北京：国防工业出版社，2014.

［5］朱张校，姚可夫.工程材料习题与辅导［M］.北京：清华大学出版社，2011.

［6］齐民，于永泗，徐善国.机械工程材料 辅导·习题·实验［M］.大连：大连理工大学出版社，2019.

［7］张文灼.机械工程材料［M］.北京：北京理工大学出版社，2011.

［8］樊湘芳，叶江，吴炜.机械工程材料学习指导与习题精解［M］.长沙：中南大学出版社，2013.

［9］徐自立，夏露.工程材料［M］.2 版.武汉：华中科技大学出版社，2020.

［10］王英杰.工程材料及热处理习题集［M］.北京：高等教育出版社，2023.

图书在版编目(CIP)数据

机械工程材料综合练习与模拟试题 / 樊湘芳, 叶江
主编. —2 版. —长沙: 中南大学出版社, 2024.1
　　ISBN 978-7-5487-5658-3

　　Ⅰ. ①机… Ⅱ. ①樊… ②叶… Ⅲ. ①机械制造材料
－高等学校－习题集 Ⅳ. ①TH14-44

中国国家版本馆 CIP 数据核字(2023)第 239944 号

机械工程材料综合练习与模拟试题
第二版

主　编　樊湘芳　叶　江

副主编　滕　浩　吴　炜

□责任编辑　谭　平

□责任印制　唐　曦

□出版发行　**中南大学出版社**

　　　　　　社址: 长沙市麓山南路　　　　邮编: 410083

　　　　　　发行科电话: 0731-88876770　　传真: 0731-88710482

□印　　装　长沙雅鑫印务有限公司

□开　　本　787 mm×1092 mm　1/16　□印张 12.75　□字数 322 千字
□版　　次　2024 年 1 月第 2 版　　　　□印次 2024 年 1 月第 1 次印刷
□书　　号　ISBN 978-7-5487-5658-3
□定　　价　35.00 元